U0938940

我们的
关系
如此　狭窄

苍井暖 / 著
CANGJINGNUAN

Wuhan University Press
武汉大学出版社

图书在版编目(CIP)数据

我们的关系如此狭窄/苍井暖著．—武汉：武汉大学出版社，2015.9

ISBN 978-7-307-16763-6

Ⅰ．我… Ⅱ．苍… Ⅲ．情感－通俗读物 Ⅳ．B842.6-49

中国版本图书馆CIP数据核字(2015)第209608号

责任编辑：安斯娜　　责任校对：小　谨　　版式设计：布　客

出版发行：**武汉大学出版社**　（430072　武昌　珞珈山）

（电子邮件：cbs22@whu.edu.cn 网址：www.wdp.com.cn）

印刷：北京市通州运河印刷厂

开本：880×1230　1/32　印张：8　字数：150千字

版次：2015年9月第1版　2015年9月第1次印刷

ISBN 978-7-307-16763-6　定价：35.00元

我们的
关系
如此 狭窄

我们的
关系
如此　狭窄

目 录
CONTENTS▶▶▶

我们的关系如此狭窄 / 001

让我讨厌你5分钟 / 009

我们不够好才要在一起 / 015

爱的时候请好好爱 / 022

请和我说说话 / 027

不够时间好好来爱你 / 034

你最好的一面给了谁? / 041

我不是你的心理医生 / 046

你要的真的是soulmate? / 057

冷战 / 064

“说分手”是恋爱神器吗? / 071

你在用想象中的自己和想象中的人恋爱吗? / 079

服不服 / 086

技巧爱患者 / 092

哎呦，劈腿啊 / 100

爱你是场独角戏吗? / 110

爱真的需要乐观 / 117

姑娘，爱情不是生活的全部啊 / 124

男人，不会一直在 / 132

你又不是花泽类 / 139

男人，没有那么坏，也没那么好 / 147

对我好的和我爱的 / 156

强恋人，弱恋人 / 161

如果爱，别深爱 / 169

我们可不可以好好分手 / 176

别拿爱情伤害爱情 / 183

习惯打败爱情 / 188

原来是爱商啊 / 201

需要人陪 / 208

在爱情里做个好人 / 217

忠诚很可笑吗？ / 223

最坏的恋人 / 229

最好的关系是37℃ / 236

我们的关系如此狭窄

朋友C的男友白手起家，新换了车又新买了房。朋友A，好几次在男友面前提起，终于有一次，男友爆发了。其他闺蜜统统指责A，认为A不应该在男友面前这样说。可A很无辜，她一点也不羡慕，甚至极不喜欢C男友的性格。她只是感慨一下而已，身边人竟然会有这种事，男友生气是因为她那句“你就不是C男友那样性格的人”。这句话是事实，C男友善交际，乐于挣钱，A男友偏内向，安分工作。A也气愤，这还不让人说了，本来他性格就是这样，又不是说他不好，不想着挣钱我也没怨他怪他，甚至也没要求他上进，也觉得和他一起的生活挺满足，他何苦玻璃心？

我表示理解A，可能我和她性格比较相似，理解她话背后并没有夹杂各色情绪和意图。表扬一个，就代表着批评没表扬的，上学的时候就开始体验这种经历。感情中的这种逻辑更为强烈，是不是聊任何一个第三者，都不可以？比如，我若和男友聊他朋友的好，他觉得我看上他朋友了，聊他朋友的不好，他又不开心地觉得我怎么能嫌弃他朋友这就是嫌弃他，和他聊我朋友的好，担心他爱上，聊我朋友的不好，担心他觉得我这人怎么喜欢背后说人，反之亦然。

如此看来，恋人之间，别的人是绝对不能作为话题聊的。你对着电视机喊李敏镐真帅，也有可能被男友拿刀捅了。你赞美刚路过的一位姑娘，也可能被女友扇个耳光。

两个人要有共同爱好，可以聊聊，若没有共同爱好，聊什么？谈恋爱，谈恋爱，谈有多重要。王志文说想找个聊得来的人不容易，如果半夜醒来突然想聊天，可是一句“这么晚还不睡觉”，就索然无味了。我倒不是多肯定他这个人，但他这番话，绝对是深度感受过才有的领悟。

这个世界道理实在太多了。老一辈的人会说，过日子聊什么聊，中国人不善于表达，和谐的夫妻讲的就是默契，不和谐的也把吵架当真爱。新一代年轻人，各种要求对方，要找个懂得倾听的人，言外之意，你那些抱怨、苦水、惆怅、唠叨，都得有个人无怨无悔当听众，要找个懂得沟通的人，其实是希望自己天天耍脾气的时候，对方知道哄，或者对方最好是察言观色的好手，把你当太阳围着转。

这些都不叫“聊天”，更不叫“谈”。任何让人舒服的方式，都建立在双方对等的基础上。这对双方的要求都极高。又有爱情哲理说了，要找一个可以带你看世界的男人，要找一个能提携你，最好跟爹似的，重新培养你的男人；还有，好女人就该像一本书，男人翻阅后会受益匪浅，自身不断提升。可是，你就这样整日地向外寻找，自身毫无建树，你说得很好听，要找个带你看世界的男人或者书一样的女人，可你真的配吗？你不过是想让带你看世界的男人，带你多出去旅游吃喝玩乐，你不过是想让书一样的女人，知书达理容忍你各种臭毛病。你一直都在说着你配不上的道理。

你该做什么，才是所有道理中最重要的。而这个社会上的人，并不善于自省和修缮自身。他们无一例外地向外张开爪牙，拼命地掠夺。你成不了可以带爱人看世界的男人，但你可以做到自己所能达到的最好；你可以不高，但你可以读书使气质更淡泊明朗；你可以不富，但你要踏实本分靠谱积蓄能力；你可以不帅，但你要知道如何选择一个爱人和如何爱一个人。

A在想能和男友聊什么？似乎聊什么都容易引发矛盾，就连聊去哪里吃饭、晚上吃什么都难免一场争吵。两个人的关系如此狭窄，窄到像工作关系一样，各自身份固定，工作内容固定，吃什么是你拿主意，去哪吃也是你去想，我想不起来，我懒得想，我想了你可能不同意，我想吃的你可能不爱吃。这些都成为了不沟通的理由。甩手给对方，以为是爱，是忍让。其实，这是多么深度的自私。既然我不能绝对拥有支配和掌控的权利，那我就弃权。你明明可以停下手中的事，在对方苦思冥想之时，也花时间上网查查什么饭店好吃，或者打电话问问妈妈，做什么菜好吃，甚至，即便你不打算做决定，你也应该陪伴对方作选择，因为你们俩之间的事情，关乎你们两个人，你的作用和功能最差也该为对方点赞。好的爱，不只是点赞，更要互动。

为什么两手空空脑袋空空将自己放心地交到别人手里，吃喝拉撒都等着别人替你去作决定，并且把这种近乎照顾婴儿的方式视为爱？我也有过这种心理，觉得做家务是痛苦的，是不够美好的，是生活中不该有的，我那时候看着买菜的女人就觉得她们真不幸福啊，幸福的女人应该整日都是下午茶。或者，什么事情都扔给另一半，有个人替你跑腿，办事，拍胸脯说“交给我”，那就叫安全感。

没有人说过，没有人建议，没有人做到，两个人一起，一起抵挡这个世界的不美好。嫌弃对方，对方没车、没房、没钱，任何一条都足以让人放弃。遇到挫折，也转头在爱情里找借口，因为对方不够有权、有势、有名。每个人都追着条件找爱，在这个国家，能一块发财的夫妻才算是天仙配。

我想看到那种合拍的情侣，不需要滞留在条件上，无论是自身条件还是物质条件。精神上的无缝对接，让彼此的关系无限宽广。

我们可以是朋友，可以是同事，可以是师生，可以是玩伴，可以是队友，可以像母子，可以像父女，但我们是情人，是恋人，是爱人，是伴侣，是夫妻。你尊重我，不把我当作女人，先把我当作人，和我聊一切你想聊的，不用男人的思维去想我。我不会那么小气，不会听你说谁漂亮就翻脸，我可以和你聊谁最性感，为什么性感，性感应该是什么样的，你喜欢的性感是什么，即便我不具备，我不会想你这样说是要求我暗示我是对我不满意，你和我聊，你把我当朋友或者只是一个话题的讨论者，仅此而已，我非常乐意。

我不是那些你认为的姑娘，你不要对我用你之前恋爱的经验。我们不要纠缠在男女的关系里，那样狭窄，窄到只要和你在一起，就好像被关进了笼子里，似乎在你面前，自己的某些面必须隐身不可见。我想要你的参与，哪怕是一个小小的决定，两个人共同参与了，就意味着，这件事情上没有一个人冷眼旁观、好吃懒做、麻木不仁、饭来张口、衣来伸手，我不要你找理由说你不会听我的、我说了也没用、我很忙没空、我也不知道、你放弃吧。我不会把事情抛给你，说些男人就该如何如何的话，我们抛开这个社会对于婚恋的所有的势利的定义，诸如男人就该成功赚钱，女人就该相夫教子。

我们的关系不该如此狭窄。

我始终相信，恋人关系除了性关系上的本能吸引以外，可以迸发的火花和能量更多。可惜可悲的是，你环顾周遭，大部分的男女关系正在毁坏彼此，把原本那点初始的火花和能量都湮灭了。

我们为何不能给彼此向上的能量？因为你只把我定义成为你的女人，我只把你定义成我的男人。我们之间除了打情骂俏过日子，再也没有别的功用。你不可能让我做你的哥们，我也不认为你可以做我的知己。我们以为这样是智慧的恋爱，我们要对彼此隐瞒和藏住一部分，然后在外面寻求其他关系，永不满足地寻求各种关系。你不想看到我的另一面，我工作的样子，我的才华。我无论怎样都只是你的女人，甚至你看到我的努力会嫉妒，会想这个女人强势不够温柔。我不想看到你的另一面，你脆弱的一面，你不那么光鲜的一面，我怕拼命设想你跟其他男人不一样，不爱游戏，不爱A片，专情专一，然后再一点点失望。

我们的关系就是这么狭窄。我们说我爱你，就是为了在适合的年纪找个差不多的人，免得被嘲笑单身。如果条件合适，我们会继续说我爱你，直到我们进入婚姻，数十年伪装成彼此最熟悉的样子，不敢有一点更改，哪怕一点变化都让对方无所适从，心事重重，我以为这是不爱的信号。

谁都不能带谁看世界，谁都以为钱才能改变一切。

A说，她是爱着男友的，但有时候很难再说爱。她清楚地知道，男友这样的想法遍地都是，几乎每个男人都会这么想。她不知道是要改变自己像其他女的一样学习网上流传的爱情三十六计，还是找他聊直到他明白。这个国家，女人都在忙着学习如何对付男人，男人都在忙着如何赚钱。

我们是因为对自己要求太低了吗，还是因为对一切要求都这样低，所以才落得如此下场？还是，每个时代，都要有一小部分的人更超前？

我只有铺床做饭，你才能感受到我爱你，我和你谈天说地，你觉得我唠叨。那就各干各的，不那么远也没那么近地彼此凑合过完这一生。毕竟，我们的关系狭窄，是我认为狭窄，你可能只以为是缺乏激情出去旅游或买个坤包就可以解决了呢。

最好笑的是，即便是那些懂心理多阅读深体会的人，最终也可能拥有狭窄的关系。因为只有那样他们才舒服。

从来都没有性格不合，从来都不过是，你的整个身心，和我的整个身心，原本就不是同一条路上的。还因为，你从不肯大刀阔斧地剖析自己，只肯活在思维的浅层，我一直大步向前奔跑，看到了更深处的风景。

你要的只是爱的形式，你要的不是爱。我们的关系才如此狭窄。

让我讨厌你5分钟

A最近很烦，主要烦她男友，不觉得天天见到他是开心的事情。明明以前很想和他腻在一起，最好各自都不要上班，像偶像剧里一样活着就是为了谈恋爱。现在，她全然不会这样想，她宁可分居，让她独自一个人住一段时间，想约才见面，大部分时间各过各的。我陪着她一块分析，因为她承担过多的家务？她说不是，男友还是很自觉的，会主动分担家务，内裤都自己乖乖洗好。因为发现对方难以忍受的毛病？她也说不是，这么多年下来，什么毛病都见识过了，没什么不可忍受了。因为彼此性格原因，总发生争吵，心生厌烦？她说不是，唯一的几次小吵都向我汇报了，除此之外没什么矛盾。因为男友无趣，待在一起没得聊，约会内容不精彩，感情平淡缺乏激情？她说不是，时间久了就不会去计较这些东西，若真计较，早就分了，坚持不到现在。她说不出所以然来。我却好似有点懂了。

有一部日剧叫《妈妈，明天不在》，故事讲述了各色我们前所未想的关于亲情的种种，特别是母子之间的爱。那份爱，不会常常在。当母亲们意识到自己是母亲的时候，那份爱会强有力地存在，但她们还有别的身份，比如其中一个女孩的妈妈，每次都为了男人将孩子抛弃。这样的妈妈，女人身份大于她的母亲身份，所以这样选择毫不奇怪。每个妈妈都是这样子的，但她们一般会扮演好自己的各种角色，掌控不好的就是那些“恶毒”的妈妈了。也就是说，妈妈不会一直爱孩子，并且，她们有时会讨厌孩子。

在爱情中，这种情况也存在。相爱也相厌。

我们好像从来没有正视这样的情绪。我们一直在强调，爱要怎样做，怎么做才是爱，要求别人这样做，也要求自己这样做。每个当妈妈的都爱唠叨，还有的会以“索爱”的方式去向子女讨要感情，诸如“我这么多年都为了你”“养你干什么，白眼狼”“你就不知道心疼你妈，我天天伺候你”等。当然，关于这方面，有很多的心理解析。比如，这样的母亲人格缺失，不懂得爱的方式，等等。

恋人之间也有类似的怨言，“要不是为了你，我何必这么辛苦”“当初怎么就看上你了”“我最后悔的，就是和你在一起”，如此之类。最开始，他们相遇、相爱的方式就是有问题的，以至于后来的纠正变得麻烦无比。

我的解析，则是，认识自己。你认识的人是怎样的，再认识到自己是怎样的。你承认自己这样的，不是让你继续任性和顽固下去，而是因为只有承认了，你才能更好地面对自己，进而心甘情愿地去改变。就好比，你不喜欢指责批评，你喜欢言之有理并温和地提点。对自己也一样，你不承认、反抗，就是在和自己作对，你承认了，就认同了自己。

我一直认为，与其挖空心思去了解那些所谓心理学，但因为认知的问题，并不能很好地消化理解，不如从认识自己开始。

让我讨厌你5分钟。我可能会和我的恋人说，其实没什么理由，就是讨厌，不清楚讨厌什么，可能就是讨厌你，做什么都无法转移这种想法，最好的办法就是平和地告诉你，因为如果不这样做，那接下来，就可能是负面情绪积累成其他更垃圾的情绪并选择发泄的方式让你知道。可能只不过拿了一瓶水，就想埋怨，为什么放水的地方这么乱，你为什么不能拿水的时候注意一些。接下来，就可能是你反驳，我再针对指责，你再反驳，直到我的无名火消散。

我们为什么要拼命告诫自己去维持两个人的关系，而不由感情自然发酵？是因为不够爱？还是怕对方不懂爱？我看到太多关系，无论所谓的爱情、友情还是亲人，都存在着一方刻意讨好，拼命做一些事情维持的状况。举个例子，你大概为了告诉自己和一个人关系好，并保持这种关系，就像这样明天要给她带个苹果，后天要带个橘子。即便我们偶尔不想热情似火，但还是要迎上去就花枝乱颤、笑脸盈盈，好似接客的妈妈桑，随时职业化对待恩客。

我们做得已经足够好了，或者，如果从一开始都懂得科学地爱，成长为一个内心充盈、人格健硕的人，那么我们一定会给爱人带来满足。甚至情感会促使你自发地愿意为对方做一些事情，付出，奉献，满足，不需要回报，也不计较得失。如果是这样的话，何必害怕那讨厌对方的时刻，何须通过各种方式去延续狂热的喜欢？秀恩爱背后的心理，无非是通过自己的强调再由他人的反馈，加深自己对恋情的认可，效果和广告是相同的，不过是让自己更信服。

“我们在亲密关系中会降低厌恶的门槛。”我们已经在爱情中降低了讨厌的标准，所以只不过偶尔讨厌对方5分钟，又何须为此苛责自己呢？我们可以在5分钟前好好地爱，再在5分钟后也好好地爱。

只是给自己喘口气的时间，给情绪一个空间，允许它们出现，让它们平稳过度，这样也许就离更好的爱的方式更近。

我把想法和A讲完后，A觉得还算管用，得到解释，情绪有了梳理，再面对彼此时，她甚至可以偷偷地背着男友翻白眼：就让我讨厌你5分钟，这5分钟里，你简直太讨厌了，说不出来哪讨厌，可能全部都讨厌，再也没见过这么让我讨厌的人。不过这5分钟后，我还是决定继续爱你。她自然不敢说，以免吓到不读书不读报的男友。我确实也没读过和“讨厌”、“厌恶”等相关的文字，我们所接触的，全都是教你怎样讨人喜欢，教你如何去喜欢，反倒忽略了最根本的——对人的认识，对自己的认识。

情绪可以通过更好的方式梳理并找到出口，我们都该学会，不因爱而伤害对方。讨厌的情绪可以存在，但我不会将情绪迁怒于你。因为爱，从来都不该是肆无忌惮地发泄情绪，你可能想象不到情绪的暴力，但情绪的暴力通过语言和身体暴力出现的时候，你才会看到情绪可怖性。

允许我讨厌你5分钟，也允许你讨厌我5分钟。或者更短，但绝对不会更长，因为我们是相爱的，所以我们不怕情绪的小调皮小捣乱。

我们不够好才要在一起

年末总是最烦乱的时候，公司在这时候一定最忙，感情在这时候也容易亮红灯。M再一次提出分手，男友死活不分手，工作也不要了，天天守在她家，她原本就不十分满意男友，想趁着遇到个不错的男人前，先和男友分手，但如此这般，到底是没分成。她和我说，只要男的脸皮够厚，都能找到对象。我听了，都不知道说什么好，是真的不知道说什么好，还有什么道理比人们扎实的经历更有效？

N是被提分手的那个，我其实都不是她们最心仪的倾诉对象，我写这些也从来不告知她们，而且我整个人看起来毫无说服力，我对他人总是一种放任的状态，你若是我朋友，你就是做了小三我也包容你，我有什么资格点化别人？我有时候甚至自己遇到事情都一团忙乱。读者总以为写字的人是神，好似她们写得出来就做得到，头脑是一个系统，身体是一个系统，习惯是靠两者合力，缺一不可。

她们之所以在我面前提起，是因为痛了，倦了，想倾诉了，我恰好是那个她们想说的时候在的人。她们都是聪明的女人，特别明白自己想要什么。我有时候看到她们的一身的问题，都不想纠正，因为不舍得纠正，纠正了有什么好，那么好还不是都要奉献给某个男人，我如果是男人就好了，我知道心疼她们。N的男友，想要自由，多么老土的理由，我却也说不出一句话，因为我也有这种时候，我也有过想要自由的时候，我谁都不能责备，男人和女人。我站在中间，寸步难行，只能靠情感做出选择，我支持了N，我说，任何不想负责任的男人都是渣男。N听了很痛快，狠狠点头。

任何事情都难以预料，那些自以为掌控得了恋人，掌控得了爱情的人，到底是多么自大又多么勇猛？

我们为什么要在一起？我们每个人都认为自己足够好，我们每个人都相信我们是因为足够好，所以才吸引到那个足够好的人。特别是姑娘们，最有力的宣言就是让自己变得更好，学化妆，肯减肥，花时间打扮，拼命散发女人味，好像真的有效，人自信起来，桃花运也随之而来，成功以后再给其他姑娘传授经验：女人，一定要对自己好，才会有人爱。那男人们在想什么呢，其实没有女人真的知道。女人总在想男人在想什么，我们所知道的所有关于男人的想法，大多数都是从女人那里得来的。

都说，男人需要的是懂，女人需要的是爱。为什么就不能都需要？都需要就是贪心了，要求了反正做不到所以就不要求了吗？我们提升外表和硬件条件，目的就是为了让他人拿性格和软件条件交换吗？我这么美，所以我就可以随便耍脾气，你长得不帅，那么你就得脾气好。真势利啊，还追求爱情呢，爱情是这么计算的吗？

M没说，但我想，她没有狠下心分手，因为她也知道她不够好，遇到下一个人，是否能够相处得下去还是个未知数，但是身边的这一个，是暂时看起来不会离去的，她甚至发了一个朋友圈声称“陪伴是最长情的告白”，这标准看着那么低却又好像没那么容易实现。了解了爱的真相以后，就算不了解，经历了那么多，就算再固执，也没办法不去正视，两个人是因为爱在一起，也是因为不够好在一起。

N折腾了整个元旦，最后突然间和好了，和好是从两个人的互相检讨开始的，开始总是你你你的讨伐，后来变成我我我的道歉，结果却是意想不到的和谐。我听后就开始思考，我们最开始都以为我们是足够好才要在一起，这是爱情，是荷尔蒙的吸引，后来我们发现我们都不够好却还要在一起，这是爱情得以继续的终极原因，你也可以称之为爱情。

我们都不够好。我强势，你倔强，我性子急，你脾气躁，我习惯冷漠，你没有耐心，我喜欢冷战，你常常被动……这些也许偶尔心情好了，还能改，还有一些根本无法改的，我怕冷，你怕热，我不吃辣，你无辣不欢，我习惯饭后不刷碗，你玩游戏全神贯注，我衣服到处乱扔，你指甲剪得乱飞……我们必须退让，必须忍让，必须包容，必须给对方留足空间。我们出门都是得体的顺眼的美丽的人，有无数的秘密只有我们两个人才知道。再遇到下一个人，我们又要再开始像孔雀开屏一样展现最美好的一面。我们没有那么美好，我们平凡得就像个人。

总觉得自己够好的人，就一定不会珍惜恋人和爱情，他们总以为自己足够好，足够遇到同样更好的人。最简单的道理不过是，我们总有不可为人知的一面，甚至是自己看不到的一面，这些常常要展露在另一个人面前，这个人就是被我们叫作恋人、爱人的那个人。

难怪娱乐圈的男神女神在一起也不见得长久，而有些情侣看起来不般配却异常坚定长久，难怪都说平平淡淡才是真。我们总是毫不留情地指责另一个人，觉得另一个人伤害了自己，辜负了自己，不够爱自己，没能满足自己，却不知道自己讨伐的模样根本就不像爱人或恋人，而像敌人，比敌人还残酷，一边言爱，一边攻击。我们不够好，却要求对方足够好，我们忘了自己不够好，也忘了对方不够好。我们忘了，我们爱上彼此的时候，是自己不去看那些不好，而不是对方故意留着不好攒成大招，只不过时间让我们的爱之激情消散，让理智占了上风，挑剔也就随之而来，可同时，对方也是一样，你不是一直那么好的，他也一样看得到你的不好。

那不够好，是不是就不该在一起？可，你能确保下一个就足够好？人不是物件，丢了坏了旧了不想要了，就丢掉再买个，你如果最开始就怀揣着我们都不足够好才要相爱的心情，大概，这份爱会比你想象得更长久更厚重。你确定你足够好？谁敢说自己足够好？谁不是边爱边学着爱，甚至即便学了，也用不好。

更何况，能认识到自己不够好的人，一定是在爱情里懂得珍惜的。这不是叫你自卑，这是爱情的真相，这是关系的真谛，特别是，越光鲜的人，他们的不美好也被对比得越刺眼。我们不能因为怕被要求太高而放弃要求自己，但我们也不能因为对方不够好的一面而要求对方。要求会被当作指责，会让人产生挫败感。你还记得妈妈是怎么拍你入睡的吗，手放在你的身上，轻轻地拍。你还记得你摔倒了，爸爸轻轻吹你膝盖的伤口吗？爱的方式，必须用爱来教。过去可能没人教我们如何去爱，但现在开始，我们两个人必须要一起学习了。

你说，这样好累，我就想不够好，你也不够好，我们还互相相爱不好吗？不行啊，没有人去表达的爱，没有爱的方式去供养的爱，早晚都会枯萎的。我们内心得有多充足的爱，才会在对方不付出的时候，也觉得爱。但我们不必把这些当成负担，不够好不是负担，不够好是人类最真实的配件，有些我们甚至不用改，如果它们伤害不了自己也伤害不了对方，那么它就是你个性的小分支，是你这个人的一部分。我们只要记住这一点，在想要竖起战旗征讨对方的时候，停下来，不够好，会让你想要珍惜，想要改变，想要努力，想要更好的关系，而这一切，都是征讨不来的。

我们不够好，才需要有个人深深爱。那些足够好的人，总是那么多人爱不是吗？即便你想成为那些足够好的人，最终需要的也是有个人深深爱，最终也将发现自己不足够好。我们都不够好，才要在一起，你什么时候才能知道，我不够好才需要你爱，你不够好才需要我爱，我们用好的部分相互吸引，我们用不够好的部分来习得爱情。

爱使两个人在一起，两个人怎么可能一模一样，不一样就会有摩擦，我们把所有的不一样当作不够好，却忘了，这是最自然不过的现象，不该让这种现象毁了爱。

爱的时候请好好爱

F失恋了，他提的分手，分手完直接飞去土耳其，至今还没回来。问他开心吗，他说还是很伤心，总想着如果他能在身边就好。分手后他还是倔强的，他在分手信上还写“我好于你一千多分的颜值”，但他也说，“如今我明白爱的动机是单纯的，但爱的方式是需要练习的。我也明白爱的尽头是什么了，不是擦肩而过，不是聚散离合，不是伤害也不是第三者，而是这些东西都不存在，我们赤条条两个人，面对面坐着，却再也感知不到对方的处境。”

F写得太好，我没征求他的同意，只是偷偷地把他发在朋友圈的内容复制了一部分。巧的是，他是白羊座，对方是摩羯座。火象星座永远和土象星座互相吸引，却又因为性格迥异而无法长久。我能理解F，白羊座的热烈，和摩羯座的内热，他有多看不见对方的热情，就有多心寒对方的冷漠。我也理解摩羯座，摩羯座永远只会做少言语，只能通过他们默默的行为去体会其中的爱，你期待的那种狂热大概这辈子都不会展露。

F还在这个阶段，他知道爱的方式是需要练习的，但他却还未到悔恨和想要改变的时候。我能想到的一种状态就是，分手后，你某一时刻突然发现，自己真的错了，在爱的方式上，如果不那么坚持自我和固执己见，不那么任性和执拗，不那么释放爱意而不顾及方式，也许爱情不会走到最后。

我们到底要多爱，才能爱对，要表达多少爱，要做到多少爱，要让对方感受到多少爱，要花多少力气经营爱。我们知道那么多，读书那么多，又怎样才能做好，或者怎样让那个我们爱的人愿意给我们时间学会如何去爱。如果分手后，你发现最后悔的，竟然是你没能在那些该表现出爱的时候表现出爱，而是表现出倔强、凶恶、厌恶和决绝，你恨的恐怕只能是自己。

或者失去爱情的人在某一阶段都容易陷入自责，那些能毫不愧疚地将矛头指向对方的人，不清楚是拥有着怎样的心理。大概后者总想着逃避或放弃吧，逃避或放弃让他们轻松，他们再也不想面对和修正过去的问题和过去的自己，或者他们认为他们在爱里面表现得足够好，可以无憾无悔。但前者，无疑都会认为自己表现得不够好，每一个回忆起来的画面都有着方案B，但全都因为他执行了方案A，而使得结局走向另一面。

我一向不相信性格不合，我相信爱。如果两个人肯不断地为爱情加注爱意，那么性格不合可以磨合，而不是最终毁灭了爱情。F始终不明白，为什么对方不能像他想要的那样回应他的爱，我猜想，对方回应了，只不过回应的方式和温度都与F所想的差别很远。似乎，性格，真的轻易就毁了爱情。

总有人教会我们，忘记上一段感情，忘掉上一个恋人，大刀阔斧地迈向下一段感情。可是，我总是忍不住后悔和留恋，如果当初，我能够更懂，更珍惜，更心甘情愿地改变。念旧的人，最好不要轻易投入感情。

分手后，你安慰自己的理由是什么？会否像F一样继续勇猛继续苛求，好像对方真的是错的那个人。我做不到，我总是忍不住想起，过去那些我没能更通透的方面。要在爱的时候好好爱，才不会后悔，即便分手了，也不留给自己遗憾，少些自责，少些苛求，少些后悔，虽然任何一段感情逝去，都避免不了这一切。

没能好好爱，因为对方可能不是那个对的人，也可能因为自己不是那个会爱的人。如果每段爱情都有无限机会修正，是不是永远也没那么难。我始终不相信，换个人就会好。换个人，只不过好像是可以有个新的开始，但开始之后的一切，还是会重复，只是你改变了，你对着上一个人不肯改变的，对着下一个人肯改变了。那么为什么，不把上一个人当作新的一个人呢？忘了那些过往的不美好，忆起过往的那些美好，再给彼此一个机会不好吗？不要将和这个人所习得的成绩，用在下一场考试里。

向前看，大概是我最讨厌的一句话。我会向前看，但不是扔掉你或者被扔掉。我想改过自新，因为你，而不是因为失去你。我后悔了，没在爱的时候好好爱。我们怎么就不能再爱一次？

F已经回来了，我没再问他是否想念那个摩羯座。他坚持认为自己在爱的时候尽力了，他坚信是对方没能热情地回应。在爱的时候好好爱，不留一丝一毫，不见得会留住爱人，也不见得会爱情永在，也许，只是为了让自己在离开的时候，更心安。

请和我说说话

C是我同事，恨嫁，但她表现得不明显，私底下偶尔说一说，给人感觉总是酷酷的。穿破洞牛仔裤和皮裤，包和鞋子上都带铆钉，风格还算特行独立。同样作为姑娘，其实我觉得她挺可爱的，比如她刚剪完头，我心粗，发现得比较晚，盯着她看了一会儿说“刚剪头是丑哈”，她恼羞成怒追着我打了半条街。真的，这些举动常常让我觉得，要在男人面前如此表现，该会被爱吧。可她相亲并不顺利，可能外表给人第一印象比较冷。

我后来也发现，她一般不和你聊天，除非必要的时候，比如中午总在一起吃饭的时候，除非她遇到什么事了，她才会找你聊，除此之外，极少有闲聊的时候。可能有人说，那是因为我们俩不是闺蜜关系，但你见到她就会知道，她绝不是那种可以扎堆笑闹的闺蜜型。

我也观察了自己，我发现我也属于开心那会儿就没什么想聊的，别人找来了，有兴趣的聊，没兴趣的不聊。而如果我想聊的时候，恨不得全世界的人都和我聊天。在聊天这件事情上，我们总是在自己需要聊的时候想到别人，我和C是不是都显得有些自私?

那么你呢？你是不是也有些自私？在自己想说话的时候，拼命找人说话，在自己不想说话的时候，就肆意地冷落他人。

有人会说，这不是很正常吗？人活着，这点自由都没有，难不成还动不动有事没事找人聊天，不怕别人烦啊?是，我们都怕被烦，所以学着矜持，但渐渐地，矜持过度了，就变成了冷漠。对关系一般的冷漠也就罢了，最重要的那几种关系，爱人、家人、朋友，是不是也被你冷落了?

朋友是聊天的首选，似乎固定成为除了家人和爱人以外主要的聊天对象。不，是比家人和爱人还主要的聊天对象。不能和家人、爱人说的，和朋友说起来就顺畅许多。家人不能够理解的，爱人不能够听到的，朋友都可以。极少有不和朋友聊的，无论主动被动，只要能聚在一块，就会说道说道。

家人似乎是比爱人还容易被忽视的群体，看过一篇文章，写荷兰的孩子在家庭聚会中，被要求主动和他人交流，十几岁的孩子想看球赛，但爸爸拒绝道："比赛我也想看，但是大部分在这里的家人都更希望和我们聊天。"后来孩子融入到和大家的畅聊中。说起来惭愧，我小时候也没受过这样的教育，但我个性常被定义为"外向"，我不怵陌生人，也愿意主动和陌生人攀谈，只是年纪越长，越发收敛，不知道跟谁学的冷漠。别说小孩子了，现在的80后、90后、00后，大多数习惯在饭桌上一声不吭，即便家长问都不痛快说，一句你不懂就搪塞过去了，也不晓得这么酷是为了点什么，好像跟家里人有仇似的。

姥爷活着的时候，我每个星期总会去看他。我是自己突然明白的，他需要人陪着说说话，姥姥先他去世，儿女不常在身边，甚至在身边，也不见得都聊他想聊的。他常常推荐书给我，是在杂志或者是报纸上看到的。现在想起来，仍觉得亏欠，如果能再多点时间陪他说说话就好了。人活一世，我们有什么能给家人，钱？除此之外呢？不就剩下陪伴了吗？难道给足钱就会让一个人永生吗？而陪伴靠什么，不说说话，没有声音，哪找那么多伯牙子期的知音默契？就连他们俩，不也靠着琴声吗，也不是毫无交流。

我即便明白了，也做得不够好，习惯是最顽劣的，这是我最恨自己的地方。你呢，有多久没陪父母聊天，想没想过该和他们说说话，他们固然有同事，有朋友，有伴侣，有七大姑八大姨，但是他们也得有你，没有你和他们说说话，他们心里就空落落的。甚至，你应该主动告知你的近况，不要再被动地接受关心了，更不要嫌弃老人们的唠叨，那份唠叨，正是因为缺乏交流造成的，你从不主动说出来，也不爽快回应，他们以为你记不住，不走心，他们习惯了，从你成人开始的冷漠，他们不得已必须变得唠叨。你从来没给过他们好的方式回应爱，他们就必然要生成让你不喜欢的爱的方式。

爱人，简直成了不可说不能说的对象。无论男女，都喜欢玩你猜你猜你猜猜猜的游戏，懂是游戏的大招，不能靠问，不能靠说，必须靠观察，要求我们像小学生做作业一样，去观察一只知了是怎样由生到死的。你不是昆虫啊，你长了脑子，你有嘴巴，你怎么就不能说了，或者问，或者聊。大自然赋予人类最与众不同的地方，都用来干吗了？头脑用来设计关卡，难为爱人，嘴巴用来伤爱人的心。举个例子，我不满，但我就是不说，我一笔笔记在大脑里，然后在某个点爆发，出口成章数落你指控你，最后再扔一句分手，让你尝尝我的厉害。漂亮！这招堪称恋爱界最佳武器了吧？

新近结识的友人分析，不习惯说出来的人，一定是个细腻的人，他想要的是默契，他们善于付出，更期许心灵的回应、行动的回报。如果说出来，就不是他们认为的爱情了。因为他们就是善于观察的人。也许你说猜这个字，就伤他心了。对不起，这类男人或女人，秋波这种含蓄的表达，要不你表演给我看看？我不信和白种人比起来，黄种人本来就偏小的眼珠子，能将眼神运用得那么好。而且为什么非得把大脑别的功能砍了，专注于观察，又为什么只准眼睛耳朵发情，不准嘴巴传达爱意？

说得好像他们真的太无辜了。为什么人们不去享受他们的好，那请问他们为什么不去感受别样的好？是谁准许他们可以这样一辈子并且不知改变？

说话，请你和我说说话。你要想着，这个世界上有一个你爱的和爱你的人，在等着和你交流。他们可能不那么善于观察，然后他们就该在爱情里滚蛋吗？爱不爱成了不重要的，反倒是这些明明需要双方都去进步的方面成了硬伤。

尼采说：“那些保持沉默的人，差不多经常缺乏内心的精细和雅致。沉默是种令人讨厌的东西。把委屈往肚子里咽必然会产生不好的心情，甚至使人倒胃口。所有沉默的人都是消化不良的人。我是不在乎那种被人瞧不起的粗鲁的，它是最有人情味的一种反驳方式。”看，你所有不好的情绪，都是你自己憋在肚子里形成的，最后为什么由爱情和爱人买单？甚至，我和尼采一样，我认为沉默就是一种冷漠，爱人又不是敌人，不会常常诬陷你需要你沉默是金，爱人是爱人啊，你不该怀着足够的热情去和他们说说话吗？

所有的问题又回到了这个社会的问题和人性的问题，这就是一个习惯嘴上说着矫饰的话，心里揣着阴暗想法才能存活的世界。不仅仅在婚恋市场中，在任何有人的圈子里，诚实的话语都是哥斯拉一样的怪物，听着让人反胃也让人觉得恐惧，仿佛那些话会杀了他们一样。这让我想起法国最近的事件，我们从来都没接受过关于言论自由的教育，自然也无法理解什么叫真正和正确的沟通。

我也一直误解了很多词语，被群众的自以为是带偏。比如我以为不习惯说的人是善于倾听的人，而太主动太爱聊的人不够酷，或者太自我，总是喋喋不休。戴尔•卡内基在《人性的弱点》中写道："最善于言谈者就是最善于倾听的人，通过与他人连接，它赐予你改变他人的力量。"

对啊，我之所以和你说话，之所以找你聊天，就是为了和你互动，就是为了我们有得聊，我们互相倾听。怪不得我越说越多，你越听越沉默，我一边感谢你的倾听，还一边检讨自己的热情，到最后我们却越走越远，直到你厌烦了我。原来，都是因为，你不是善谈者，更不是善听者。你是一个拒绝和我交流的人，我们谁也没有改变对方的力量。

谁也没要求你讲时间简史，谁也没说你非得聊卡夫卡，你就说说你今天工作做了什么，游戏玩了哪些，和谁说了什么，中午吃了什么，这些有什么难的？甚至，你表达一下你的感受，最近有点累了，我们分析分析是不是睡晚了，还是身体免疫力下降了。说话有什么难的？你又不是哑巴？到底是什么，夺走了你和我说说话的可能？

请和我说说话。

不够时间好好来爱你

K和男友吵架了，为了一件小到不起眼儿的事情，你让她现在讲，她都得好好想一想，才能想起来整个过程，也就是这和其实转头就会忘掉的小事，常常成为K和男友争吵的理由。比如，她找不到东西就会问，是不是你动了，男友会立马反唇相讥，我根本没动，你能不能把东西放好，不要每次找不到就埋怨我。K说，我没有埋怨你啊，我只不过问问你而已，男友说，我根本不会动你的东西，你找不到不要怀疑到我身上。就这样简单，一场争吵由此开始。

她带着沉闷的心情找我看电影，外面下着雨，你能感觉到她的心情和天气一样的压抑，电影很好看，我都看哭了。她心事重重，明显无法投入。我们在附近的咖啡店坐下，她说，本来该好好的，怎么就吵起来了，他怎么那么小气，我是不是也做错了？我吃了一口甜品，还是不知道说什么好。那些吵架过后的时间里，你都做了些什么呢？是像K这样郁闷地会友，还是独自一人消磨时间？是干脆什么也不想痛快地去玩，还是怎么样都心事重重记挂着之前的争吵担忧着未来的关系？

有多少感情是因为微不足道的小事恶化而终了的？有多少恋人是因为争吵过后的僵持而失去的？又有多少和好的爱情因为之前的争吵导致后来的积怨重重而走向离别？人类啊，就是这样一种生物，得到的时候随意而冲动，失去的时候难过而后悔，一旦再得到又忘了失去时所告诫自己的珍惜。改变何其难，大脑不断地给出的命令也会忘得一干二净，行为习惯上跟不上，说的话永远都是空谈。承诺就等于谎言，不仅给别人的承诺无法兑现，给自己的承诺也常常做不到。

K一定在想，如果他们没有吵架，此时此刻就不会冒着大雨还拽着我出来看电影，两个单身女人坐在空无一人的咖啡店里静默无言。就算是，此刻的一切都是她所愿的，此刻的心情一定不是她想要的。她愿意大雨天出来与我相约，但不要怀揣着吵架后懊恼、烦闷的心情。

我们其实根本没有时间好好爱一个人。只有影视作品里的人物才有充足的时间恋爱，工作都是次要的，恋爱才是首要的，男主角常常为了讨女主角欢心而甩掉工作，女主角常常工作的同时也在谈恋爱。现实生活是，我们即便在校园时期开始恋爱，学习也要占去大多数时间，我们工作后的恋爱，只有利用下班以后的时间，即便有些人不需要上班，他们也需要挣钱，就算他们不需要挣钱，也不可能用全部时间来爱一个人。算来算去，可以相爱的时间短暂得可怜。

每天下班后，假设十一点前睡觉，十点前要回到家洗脸刷牙准备，五点下班，到达目的地六点，约会两个小时后准备回家，十点回到家。住在一起也许会好一些，下班直接回家，做饭或吃饭的时间，各自洗漱的时间，剩下的时间能坐在一起就很不容易了，还能做到好好爱简直太难得了。

大多数人把大多数时间都给了工作，还有一些给了朋友，家人再来一些，可能给孩子的要更多，同事、领导、客户甚至成了一些人时间分配的首选。那么留给恋人的还有多少？而且，在本来属于两个人的时间里，你又做了什么是真正体现恋人时间的?

我们好像都把恋人，把亲密的关系，当作放纵自己的广阔天地，终于可以见到恋人了，终于可以两个人在一起了，太好了，我可以什么也不做，尽情玩游戏了，玩微博，玩豆瓣，玩玩玩。反正两个人在一起也没事做，各做各的多自由，在一起就很好了，不应该奢望更多。结果是，两个人在一起的时间，还要被浪费掉很大一部分，吵架、怄气、冷战，都不用去计算那些因为出差、加班所浪费掉的时间，我们自己就会损耗掉时间。数量不足的恋爱时间，质量也跟不上。

没有浓情蜜意，连表达也没有，都习惯了小品演的摸着你的手像摸着自己的手，吻着你的唇像吻着自己的胳膊，正好，都省了吧，夏天抱着热，冬天抱着冷，床上贴着紧，坐在一起伸不开胳膊腿。我们的关系最后变得比室友还干净。没有人珍惜两个人在一起的时间，所有在爱情中的人，都以为，你看我们约定了永远在一起，这就足够了，这次没一起实现的约会，还有下次，这次没一起看到的风景，还有下次，这次没一起体验的滋味，还有下次。真的有下次吗？下次是什么时候？是我人到中年你人到中年的时候，还是我成了老太太你成了老爷爷的时候？我们都很平凡，我们一定会

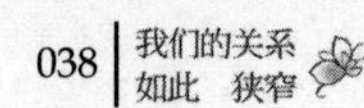

自然地老去，但这过程中，你怎么就敢保证，这一次我们没能美好度过的时间，以后会有机会补偿回来？

根本不够时间好好来爱你。每次吵架完，都后悔，为什么不在吵架的前一秒，掐断吵架的导火索，为什么不在吵起来之后，哪怕拥抱你一下告诉你我爱你。人类生来携带着的人性，已经构成了爱情最大的阻力，都不用谁是渣男渣女，火气大脾气臭这一条就足够毁了一切爱情。我们已然无法控制自己去杜绝这些方面的问题，我们还不看清另一个真相，那就是我们根本不够时间好好爱对方。

更别提恋人关系中的角力了，有些人总是喜欢控制对方，生怕自己爱得多了失去了自己，或者计较着对方爱多爱少，再酌情增减自己的量，跟卖肉的似的，并不少多少血腥。其实这个问题的根源在于，你与对方开始的时候是不是彼此真心想爱，如果想爱，相爱更好，就会想要继续爱下去，而不是每日较量着谁在爱情中是王是后。

凡事都需要度，度是让人舒服的秤杆。可你不需要去想象那些疯狂的可怕的案例和结果，你大概也爱不到那么癫狂的状态，你就是普普通通的你，你就该想一想，是不是其实我们都没有足够的时间去好好爱一个人。

所以，现在身边有着一个爱人，为何不时时地告诉自己，珍惜时间，珍惜两个人在一起的时间，尽可能地好好去爱，不仅使得亲密关系得到滋养，也不会让你和恋人留下遗憾。我们根本无力抗拒一些事情，老去、疾病和死亡，我们也不具备至高的修养去抵御人类的弱点，强辩、倔强和怨怒，我们还不去时刻点醒自己，关于爱情的时间，并不是应有尽有，并不是源源不断，那个期限一直都在那，只是因为我们太熟悉对方，太习惯对方的存在，而欺骗自己还有很多时间而已。

别等分手了，离开了，才后悔爱的时候，没能充分言爱，没能分秒一起做和爱情有关的事。我们可以一起看一部电影，看完一起聊这部电影，你表达你的，我表达我的；我们可以一起吃一家新店，吃完找一处风景优美地慢慢散步；我们可以一起读书，你读你爱读的，我读我想读的，偶尔相视而笑；我们可以一起躺在床上，头靠头，聊些过去的事，聊着未来的梦……我们的恋爱时间里，你眼里、心里，都该是我，都该有我，我们只有这么一点点时间，可以谱写爱情，可以保养爱情，可以享受爱情。

我们的爱情，其实最需要的就是时间，你可以把你的时间分给我吗，我可以把我的时间分给你，我们可以有一个专属于爱情的时间吗?

不爱了，就痛快果断地放手；爱着，就爽快果敢地去爱。K终于等到男友的电话，只需要一个电话，他们就又和好了，她冲着我开心地笑，失而复得的感受总像捡到宝贝。K说，她也不知道自己会坚持多久，不知道下一次争吵会什么时候发生，不知道如何避免争吵，但是只要想起这个下午，想起这个下午追悔的感受，她就会让自己珍惜两个人在一起的时间，好好地爱，不浪费时间想别的。

我们怎样才会明白，我们和恋人的关系一直都是：不够时间好好来爱你。

你最好的一面给了谁？

“如果你不能接受我最差的一面，那么你也不值得拥有我最好的一面。”——玛丽莲•梦露

首先的问题是，你最好的一面是什么？我挺好奇，玛丽莲•梦露说出那句旷世闻名的话时是在一个怎样的状态下？因为她是明星？她性感？她胸大？她是全世界男人心目中的女神？所以她就可以那样说？如果她好的一面只是她的外表，剩下的都是差的一面，那她这样说岂不害人害己，特别是那些还不如她的姑娘们拿去照搬，多么误人子弟。

大多数姑娘都觉得自己很好，这一点上女性确实和男性不一样，男性只会对自身的某一点过度自信，但女性是对自己全方位自信，她们认为自己是完美的，自己如此完美，上得厅堂入得厨房干得事业当得好妈妈，她们每时每刻都在学习，学习身边的女人或者影视作品里的女人。男人就不会，韩剧流行大长腿，也没见男人们一窝蜂地去锻炼企图拥有大长腿，他们压根连那部韩剧都没看过。倒是女人，看到一个三流模特细如竹竿的腿，拼了命地想得到。

假设一个女人，所有的好都占据，五官美丽，个子高挑，身材苗条，声音甜美，性格温和，穿着时尚，工作能干，家务全能，总之全具备了。那她这些好的一面，肯定不会愿意给一个比自己这些条件都差的男人，甚至她也不会对比她差的朋友多好。她们这些好的一面，更要待价而沽，给更值得的人，对待不值得的，且看她们有多不好。这样的话，那些所谓的好，都只不过是表面的妆点，就好像圣诞节一样，到了过节的时候立刻变装，圣诞节一过，立刻撤换?

那什么是你最坏的一面？像梦露一样吸毒？肯定不是。那就是那些人性的丑陋的一面，傲慢、嫉妒、暴怒、懒惰、贪婪、饕餮（暴食）及色欲？这也是七种损害个人灵性的恶行，被称为“七宗罪”。你把这些全都倾洒给谁？家人？父母？妻儿？夫女？还是那个你口口声声说爱的恋人？你拿脚趾，不用脑袋，先想一想，谁能承受得了这一切？你说，你没那么严重，只不过偶尔傲慢，责骂他人；偶尔嫉妒，发泄情绪；偶尔暴怒，出口伤人；偶尔懒惰，不劳而获；偶尔贪婪，逼迫对方满足；偶尔暴食，静候别人付出；偶尔色欲，精神或身体偶尔出轨。如果一个人这么对待你，你会受得了吗？那你这样对待一个人，对方怎么可能受得了，对方可以接受你不好的一面，但是对方不能承受啊，而且你明明说的是接受，并不是承受啊。每个人都在接受别人不好的一面，谁敢说自己什么都好？

这些你差的一面，为什么要积攒到必须在家庭和恋爱关系中展现？因为在外面，为了生计或者别的，都需要带着面具吗？所有人都如此，是有多爱演戏？好的那些面多么浅显和短暂，在你的体内存储的时间都不过一块南孚电池耗完的时间而已？还是，你不断拿好的那面欺骗他人，其实你整个计划不过就是，用表演的这些好，骗到一个最满意的恋人？

你最好的一面给了谁？给了老板？给了同事？给了朋友？给了生意和工作伙伴？有多少人给了家人和恋人？因为老板、同事、朋友、生意和工作伙伴，必须要展示好的一面，把坏的一面掩藏起来，发酵至回到家里溃烂成灾。这真是一场人为的恶性循环啊，最终没有一个人有好下场。

外面有人难为我们，我们难为下属，下属再埋怨家人。大家都活得怨声载道，然后美其名曰，如果你接受不了我差的一面，也不配拥有我好的一面。那你那些好的一面，最终被坏的一面拉低，就像偏科一样，怪不得总分只够上个专科，念不了本科。当然，专科并不见得就比本科差，但是你一直以为自己配得上本科不是吗？不到万不得已，不尝到甜头，你也不会看到专科的好。

你最好的一面，或者你好的一面，该一直在那，而不是还特别分成高中低档发放给他人。A配去国贸大酒店吃喝，B配去三里屯请客，C可以去粑粑馆，除非你量化了你自身的好，那也许不叫好，只能算作能力。你看的是条件，管什么人好不好的。

两个人谈恋爱，怎么就非得是一方忍另一方让，一方惯另一方作，一方哄另一方闹，这叫恋爱吗？为什么我们非得把这种关系当作是恋爱中最舒爽的关系？因为你遇不到自己觉得最完美的那个人，所以你最好的一面，谁也不打算给予是吗？你这在和谁较劲赌气呢？是命运还是事实？你那份限量的最好，永远都在你的嘴上，大约这辈子也遇见不到，你算计着这份好，到底最后能换来多少带着多少好条件来的人。这好像也没有什么错，我们都这样活着。

但你可别以为，“我根本没看上他，但是算了，他一直对我挺好，挺忍让我”；是对恋人好，也别以为“反正遇不到更好的，就先处着呗”；是对恋人好，更别以为“多少人追我，我选了他，他还不知足”；是对恋人好，你什么时候和恋人之间的等级有如此差异，你那么高，对方那么低，你垂怜对方的方式，就是把自己心的边边角角和身体不情愿地给了对方，这可不叫最好的一面。

你守不住心和身，就不算最好的恋人。你也许没有最好的一面，我们都没有，我们也给不了谁最好的一面。你只能提升你最稳定和最常态的一面，你稳定和常态的一面真诚而善良，就已经是对自己和对他人最好的一面了。至于那些条件，物质上的，金钱上的，如果你觉得那些是一个人最好的一面，那就不要在看到那些人最差的一面时吃惊或者失望。梦露那句话的意思其实是，人有最好的一面，也会有最差的一面。当然她是个女明星，还是个双子女，有些任性才说出那句话，可千万别跟她学，她最后的结局，相信你应该也不想要。

我不是你的心理医生

没有一模一样的痛苦。

我一直以为，通过治愈他人的痛苦会治愈自己的痛苦，换言之，有些人习惯于“唠叨”，无非是一种潜意识的心理行为，以交换彼此的痛苦分享彼此的烦恼，来达到倾诉倾听从而彼此理解的目的。因为大家一样痛苦，你有你的痛苦，我有我的痛苦，如果我们有类似的痛苦，那么更好了，即便痛苦不会解除，但痛苦不再是一个人独自承担。

大多数人都在这么做，所以有朋友，会聚会，会说说知心话，会寻求安慰，并期望得到安慰。

有一种人变成民间的“神父”，习惯于倾听并给予他人安慰。事实上他们多数一无是处，无论是成就还是自己本身的生活。但他们在精神上强迫自己做一个强者，做一个情绪上吸纳他人负面脆弱情绪的人，在面对的同时表现出乐观坚强的一面。我年纪小一些的时候，很容易依赖这类人，像上瘾一样习惯将自己的心情诉说给他们听，然后尺度越来越宽，哪怕涉及隐私，也因为惯性而认为只有诉说才痛快舒服。

长大以后回想起来，他们其实什么也没有做，也许边听边想着别的事情，甚至正在打游戏，甚至，不过是以一种强者的视角怜悯弱者，或者，不过是因为要做一个情绪上的强者，习惯培养弱者去满足他们的心理需求。

现在，我特别厌恶这类人。他们没有慈悲的情怀，没有善良的心意，他们喜欢窥视然后攀比，他们会表现出循循善诱的样子，引导你依赖和倾诉，然后在你真的依赖和倾诉的时候，漠然无视你的痛苦和无助，轻描淡写无关痛痒麻木不仁地说些客气话。

你有没有这种时候，一些你可能误以为很亲密的朋友，当你把你的痛苦向她们倾诉以后，你发现她们表现出来的竟然是“幸灾乐祸”。我们尽量不用这个词，我们抛开自己不幸时不自觉地以为别人都在宣扬着快乐的想法，即便你这样克制自己，你也仍旧发现，你的不幸，你的痛苦，你的遭遇，给了你朋友一种动力。那种动力从何而来呢？是经由她们的逻辑来的，她们的逻辑是：看，如今她这倒霉，还是我活得最对。

并且，她们一直以来都以这种方式为自己的生活打气。她们吸纳你的不幸，对比自己的幸运，由此获得满足，而不是从内心深处，通过提升自我来获得满足。她们习惯攀比，正如她们和恋人的关系千疮百孔，但她们听到朋友诉说着感情的种种不顺，又觉得既然都如此，那现在拥有的关系也不算是最坏的，可能回去便觉得自己很幸福，因为朋友与爱人发生的矛盾，自己和恋人并未发生，只不过这样，就足以让她们为此雀跃。然后，当她们再发生问题，再去听别的恋人之间的牢骚，再经过对比得到满足，如此反复。

她们永远不会想去修补关系，更不想改正自己。她们就是要靠这种攀比的方式存活。比广场舞大妈更可怕的就是碎嘴大妈，而多少姑娘都在奔向碎嘴大妈的路上。

你可能还会发现，你的某个朋友从来只听你的倾诉，从来不向你倾诉，因为她要在你面前做个比你幸福的人。只有听你倾诉，而不向你倾诉，她才可以永远幸福，被你以为她幸福就是她最大的幸福。当然她也会倾诉，可能会选择别的人，这其中的微妙心理将是另一篇文章。

无论是单向倾诉，还是双向倾诉。我们从中得到安慰剂，量大而富足，我们称之为友谊，称之为真诚，称之为掏心掏肺，称之为无话不说。我们感慨着别人的难处，仿佛自己的难处都不算事了，或者，同样或不同的痛苦，都让自己觉得自己的痛苦没那么痛苦了。我们像上了瘾，定期安排聊聊，我们还将此称为“朋友聚会”。

我写过一篇病与痛相关的文章，我当时写过，最讨厌看到的评论莫过于“照顾好自己”。几乎看到评论时就禁不住冷笑。

我作为一个作者，如此透彻深入地描写出来，必定已经面对过无数经历，甚至最终深刻地直面了所以才得以表达出来。那意味着，我的坚强和勇敢。我写出来，并不期待得到回应。我写出来，没有任何目的，只是为了自己，只是为了文字，甚至连倾诉欲都没有，因为不期待回应。

安慰别人，不是说一句诸如照顾好自己的不咸不淡的话。安慰的前提是平等的，就是你也是懂痛苦的，你不懂，何谈安慰？那叫可怜。我不需要可怜。谁都不需要可怜。因为谁都不是乞丐。

你可以同样诉说你的痛苦，却不能高高在上地指点别人怎样做。你所以为的你的关心，何尝不是一种隔岸观火的看戏的态度？如果那是与你相关的一个人，面对他的痛苦，你肯定说不出“照顾好自己”，而一定是关心则乱。

人与人是不一样的。那些众多人习惯应用的客套话，并不是一劳永逸，一直都好用的。起码对我来说，没用。

我预料到这种局面，惯常阅读心灵鸡汤乃至畅销书的大部分人，口口声声以为自己和他人文字所描述的那些特质是一样的，事实上，他们和绝大多数人没有任何区别。因为他们选择的语言体系，都和绝大多数人无异。

心理学的重要意义，就在于，它让人类更加懂得沟通的美妙。最好的理解则是，你现在能做的就是你知道他痛苦就好了。

不管你面对的是话语还是文字，如果那其中有描述痛苦的字眼，你什么都做不到的时候，不妨先做到一点，你知道对方是痛苦的。其他的请不要多说多做。

我很怕写了也是白写，因为总有人附庸风雅不懂装懂。

那些企图通过窥视他人痛苦而想要自我疗伤的人，除了自私懦弱虚伪狡诈外，她们将永远不可能治愈自己。因为她们连自己的痛苦，都舍不得分享，胆怯被他人知道，怕被别人笑话或怕被人知道她们不够幸福。

这样的人确实不够幸福，而且将永远不会幸福。这是一定的。

与心理医生交谈，前提必须是坦白。做不到这一点，就让你的痛苦所衍生的情绪腐烂在心底，直到精神生满寄生虫，只能依赖旁门左道的方式暂缓直至遗憾地死去。好的心理医生，一定会表现出一种理解，那是肢体和表情上能让你感应到的一种理解。他们让你知道，他们懂你的痛苦。对于抑郁症患者来说，最残酷的话莫过于，你要坚强啊。痛苦的人最想听到的，就是我知道，我懂，其实我也这样过。

我不欣赏，企图让别人安慰，却极力隐瞒隐藏矫饰自己的人。

没有相似的痛苦。所以民间的唠叨，永远会让你觉得，为什么唠叨成了习惯，事情却没能彻底解决。安慰本来就是一条孤独的路，终极目标是自我安慰。记住，自我安慰不等于阿Q精神。

那些以倾诉来修正关系和人生的人，无疑永远在物欲的攀比中奋力前行。如果他人的不幸，可以量化，那对方三次抱怨，就会让听者得到一次安慰，以此类推。我不想听关于别人的故事，我也清楚别人的故事和我没有什么干系，我这么痛，你却告诉我，这不很正常吗，大家都这么活过来的。所以我们才从来都不认知自己，不认知关系，不认知他人。

最可笑的是，分不清倾诉和抱怨的人，却要求他人倾听和安慰。我遇到太多的女孩，抱怨各种不如意，让你倍生怜悯，甚至她们还会说出琼瑶一样的台词，如“我哪里不好了”。她们从来不会试着，哪怕分析一下，是不是自己太过于挑剔和势利，不，她们无疑都用无辜的姿态，在你面前委屈地提起那些辜负她们的人。这才叫负能量。

负能量，不是我告诉你，世界是有黑暗面的，人性是有黑暗面的，负能量永远是，明知道而装作不知，明知道而为之，明知道还自欺欺人企图得到他人的怜悯、安慰、帮助，将他人当作垃圾桶，倾倒自怨自艾的情绪。她们总是装作一副要活不下去的可怜样，将垃圾倒给你之后，再继续过着必定会产出垃圾情绪的生活。把你当朋友，其实只不过是利用你的友情。

我好奇，这其中角色的转变。你身边有没有这样的人，她们可能年纪很大，她们每日和自家男人争吵，从来没处明白过婆媳关系，却在你的家庭生活出现问题的时候，以一种关心的姿态凌空而降，把她们毕生的经验都倾囊相授。你甚至忍不住想问，您处理好您和丈夫的关系了吗？您和您婆婆关系好吗？你明明知道，她与他们的关系炮火不断，而她们为什么还那么高兴你也同样遇到了类似的问题？

为什么没有人闭门思过，放下别人家的事，多看看自己。多问问自己要做个怎样的人，该具备哪些品质和习惯？该如何与恋人相处，该如何与他人相处？为什么总是没有人从根本上解决这些已经够多的问题，而是企图通过发现更多问题来安慰自己？

这真是一种奇怪的逻辑啊。洞悉了他人的痛苦，竟然可以让自己心甘情愿承受自己遭遇的痛苦？为什么不去想怎样可以彻底打破一些原本可以避免的痛苦？

女人们，聊起感情，仍旧停留在——“因为一时任性冲动才想分手的吗？”“你想过分手后的经济来源吗？”“我觉得女人就该经济独立不依靠男人。”“轻易不要离婚，我都后悔了。”难道不该是——“确实相爱，但在一起会痛苦，所以决定分开。”“从来没想过钱的问题，有手有脚，不会饿到自己。”“不大想这种问题，有时候依赖他也挺幸福。”“又单身后，感觉真的很好。”

什么年代了？你们看的美剧日剧乱七八糟剧，就图个解闷装×吗？一点也没看到这个世界不同的人生观、价值观、爱情观吗？你拿20世纪80年代流行的段子，不断地炒21世纪的冷饭。这个社会从来没进步过是吧？

靠情绪活，似乎有点可悲。而偏偏人人所讲的，所标榜的，都在围着情绪旋转。“和他分手了，不爱他了，可是看见他和新女友就不舒服，怎么办？”怎么办？我也不知道怎么办，我连想都不会想这种问题，不爱了，已分手，还去嫉妒下一个女友，那就发泄出来，告诉他你不爽，怕被他看不起，你这样每日折腾自己，顺带再折磨别人就看得起自己了？因为想不被看不起只有一种方式，那就是装作无所谓，暗自努力打扮得更漂亮。呵呵，这些玩意，还流行呢？

你试着放开这些，去和自己聊聊，真的。你多关心关心自己别的方面，除了情绪。比如你的想法、你的智力、你的认知、你的逻辑。没有谁能当你的心理医生，心理医生也绝不是治疗情绪的。情绪除了发泄，还有表达，但也请你学着表达，不要用一些低级的情绪去打扰别人。

我不是你的心理医生，谁都不会是。父母不是，爱人不是，朋友不是，但凡你把对方当作心理医生，那可能因为你没真的见过心理医生，如果你过于严重了，心理医生会直接用药，多耐心也救不了你。所以你不要把任何人当作心理医生。你可以做自己的心理医生。你不要通过以上各种“猎奇”的方式，去处理自己的情绪，或问题。

请你直面自己，直面问题，直面痛苦，坦白内心。快乐才会有空间居住。也会释放出让他人快乐，而不是负担的能量。

你得搞得定你自己，别寄望于他人，一定记住通过科学的方式。

你要的真的是soulmate?

Soulmate（灵魂伴侣），一个灵魂伴侣，就是一个我们感到自身与之深深联系在一起的人，好像彼此的沟通和交流不是出于凡人的刻意努力，而是凭借灵魂的导引。这种关系对于灵魂来说是如此重要，可以说在生活中没有什么比它更为珍贵的了。

忘了第一次怎么得知这个词，但最频繁闪现的记忆，是一个女同事T，她聊起她的soulmate，各方面都合适，非常聊得来，但没在一起，原因不详。后来她与我们共同的一个同事成为男女朋友，那个男的，总是恶意、狭隘地攻击他人，即便你没招惹他。对这一点，T很受用，他只保护自己和她以及身边为数不多的团队成员的利益，当然他们确实是一路人。你非要说，这样也算soulmate，那我也无话可说。我一直以为灵魂伴侣的前提是灵魂得干净点，而不是bitchmate。所以，她嘴上说的灵魂伴侣和她对灵魂伴侣的要求，实在让人无法想象。

那其他人口中的灵魂伴侣呢？是不是也或多或少侮辱了这个词？灵魂伴侣是难寻，小龙女和杨过也得吃饭，整日高冷空谈武学也不现实。心理学家一而再再而三地指出，大家都停留在口欲期。说实在的，口欲期的人真的离灵魂远之又远。所以你提出要找灵魂伴侣的时候，确定是认真的吗？还是你根本不过拿这个词标榜一下自己，让自己看起来像个值得恋爱的人而已？

你喜欢幽默，你可以找个贫嘴的，这样的男生不少，总是恰到好处地接话茬，逗得你哈哈直笑，你要觉得整日和他这么互相挤兑，算灵魂伴侣，也没人要设法拦你；你喜欢惊喜，你可以找个“活动策划款”，这样的男生绝对有，谈过几回恋爱看过几部电影，总归用点心长点脑，带你去海边放烟花还是做得到的，但你别因为这个就说他懂你，他懂每个姑娘；你喜欢“有品位的”，你可以找个会穿衣爱打扮的，比你还爱逛街比你还会花钱，甚至你俩都可以开淘宝店一起当模特，但你别说这是灵魂伴侣，以现阶段人们的素养来看，就连时尚圈大咖没文化的都一抓一大把，懂奢侈品不代表精神高雅；你喜欢“会生活的”，你可以找个爱做饭爱装修爱收拾家的，这些都不用你操心，反正他喜欢乐意开心顺手，你享受的同时可别忘了，他可能也想找灵魂伴侣，也就是和他类似的人，而不是像你这样跟个老妖精似的吸干他美好的一面；你喜欢“会吃喝的”，那你可以找个爱吃喝的，每次带着你到处吃吃吃，下馆子就像过年一样让你觉得特别开心，每天都可以过得和情人节一样，但你别说你俩吃货真是灵魂伴侣啊，那你和十几亿人都能成为灵魂伴侣，前提是你不让他掏钱而是你掏钱请客；你喜欢“聊得来的”，你可以找爱好专注或广泛的，记忆力好到去哪都跟带着个导游似的，你很可能会觉得聊得来的就一定是灵魂伴侣，但真不一定，你确定你足够和他聊得来，而不是像学生似的渴望遇到一个好讲师带领你看更美好的世界？你喜欢“大方的”，你可以找个有钱的，必须找个钱多到足够满足你的，那样才足够不让你失望，你到时候就可以说灵魂伴侣都是胡扯，找个钱包才是最正确的选择，恭喜你，你这才是真正的中国人，起码你说出了其他人莫名其妙拐弯抹角藏着掖着不敢说的真话。确定，你们真的确定你们要的是灵魂伴侣？你们哪个不是在看条件？用条件来衡量，用眼睛在看，用脑在计算，哪个用心了？好吧，哪个有心了？

你说以上的都占的人，就一定是灵魂伴侣。不好意思，国内这款型号的人产出比较少，就算你遇上了，估计你还能挑出别的毛病，诸如冷漠，尽管对方冷漠是因为他实在没时间总哄着你；诸如自我，尽管对方自我是因为谁不自我啊，你不自我你能批评别人自我吗；诸如自私，尽管对方自私是因为他想不到哪些行为做了才不叫自私。你看，你标准那么多，但没有一条和灵魂伴侣相关，却最终在“餐后点评”的时候，搞出这么一句凸显自己又贬低别人的句式——“你知道，他不是我的soulmate。”你确定，以你现在整个人的心灵适合找一个soulmate，而不是一个“生活合作伙伴”？

你几乎把方方面面都要求了，而且是要求对方达到做到，但你明知道连你也做不到，一个人既有时间在事业上叱咤风云又有时间在家庭中忙前忙后，这几乎不可能，所以你一般都要求男人有前者女人有后者，那你自己有啥？甚至，你遇到的大部分人和你一样，可能两者都平平。这些是生活的基础，挣钱是，打理生活也是。你以为做家务做顿饭比上班简单吗？特别是对方也忙碌了一天，你还耗费着对方的“仙气”，只为了对方哄你开心。那你为什么要别人是soulmate，而不自己做一个soulmate？你以为你是了，而你只不过是握着自己有的条件，挑挑拣拣别人的条件而已？soul在哪里？在商场里？在品牌店里？在高档餐厅里？在豪宅豪车里？你的soul在哪里？你没有啊，所以你拿什么换soulmate？

我们都没有，我们自小就没有，我们一直以来被灌输的就是“一个也不能少”，那些条件那些生活中该有的一样都不能缺，就算攒在手里的都是些量贩条件，但一个也不能少，就算完美了。是谁把“soulmate”这个词带进来的，带进我们的生活，我们根本不懂，却直觉地知道它是个好东西，然后把这个词加进来，成为了又一个虚无缥缈的条件。

我都不敢让你做真实的自己，因为怕你一贯认为真实的自己就是疯狂转发的玛丽莲•梦露的那句“如果你不能接受我最差的一面，那么你也不值得拥有我最好的一面”。但请问你最差的一面有多差，而且有多么堆积以至于必须时时地暴露在亲密关系之中，你是吸毒了还是习惯暴力？你说的你最差的一面，都廉价低级得让人不想接受。真的，哪怕你差得高级一点呢，哪怕你像梵•高一样和别人斗架耳朵被割掉。而且请问你最好的一面是什么？才华横溢？貌美如花？性感如梦露，亲爱的姑娘，咱们都是普通人，咱们能不能别妄想完自己，还折腾别人，你做真实的自己，是认清人是什么，认清自己是谁，然后才叫真实。而不是，你把你任由情绪这个魔鬼唆使的那些嫉妒啊、愤怒啊、攀比啊、狭隘啊等全部爆发给你最亲近的人。这不叫真实，这叫低级。

你的soulmate，肯定没空容忍你，没空处理你的这些泛滥成灾乏味可陈的情绪，他可以和你一同领略更高级的情绪，一起欢愉，一起震撼，一起感悟。你只不过想找个人满足你的嘴巴，找话题陪你聊听你叨叨；满足你的耳朵，说些假话和糖衣炮弹哄骗你；满足你的胃，带你吃好吃的；满足你的身体，给你性生活你身材再烂都说爱你；满足你的垃圾情绪，成为你的垃圾桶，与你的垃圾情绪形成恶性循环，你也不想想他如果和你一样，那他的垃圾情绪倒给谁，不必然是第三者吗？懂吗，连你们的第三者都不是因为吸引，而是因为需要。如此低等级的情感，还要什么soulmate啊？满足你的无知和愚蠢，什么都可以不会，什么都可以不学，什么都“我就这个奶奶样了，爱咋咋地”，凭什么另一个人要永远在感情里遇到一个差生，还得辅导他？

你也许要的从来都不是soulmate，你评价一个最终没能让你满意的人的理由也绝对和灵魂无关。所以，你不要总拿soulmate这个词为自己贴上一层好似具备灵魂的假象。灵魂伴侣稀缺，不是因为灵魂伴侣少你没遇到，而是你根本也不想成为灵魂伴侣，每个人都等着有一个soulmate，骑着七色的云彩来爱你。还是紫霞仙子洞悉国内婚恋市场，她说的是“我的意中人是一个盖世英雄，有一天他会踩着七色的云彩来娶我，我猜中了前头，可是我猜不中这结局”，她没要soulmate，她就喜欢大英雄，是英雄就行，牺牲她也甘愿，她也没要什么天煞的爱情，她自己爱就足够了，她说来娶我，她有法力，都猜不中结局，你等凡夫俗子能不能别总张着嘴向这个世界要要要，而从来都不要求自己是是是。

如果你仍旧渴望soulmate，麻烦先让自己有soul，再学会做个mate。相信吧，你天生就没这两样。你先成为soulmate，这个概率比你遇上或等着一个soulmate大些。

末尾，我再问一遍，你要的真的是soulmate?

冷战

S擅长冷战，她自己也知道，恋人若惹恼了她，她就选择冷处理，这招很好用，一直是她的法宝，没过几天对方撑不住，就来找她。而且冷战期间，她一定要各种玩乐，在各种软件上刷存在感，争取气死对方。

Q和某任男友，分手是因为冷战期间，男方和别的女生走在一起，至此两个人再也无法回头。A很爱冷战，但她没S那么擅长，S是把冷战当手段，A是把冷战当结果。对A来说，冷战就是她下定决心彻底不理一个人，并且也不允许那个人再存在她心里，说白了，她是一个经常被冷战的人，而她的回击方式就是你冷，我比你还冷。

其实冷战期间恋人被抢走或者自己走的案例数不胜数，恍然大悟后悔莫及之时也已经晚了，甚至连找对方理论的机会都没有。如果冷战是你发起的，对方这种时候离开，有什么不对呢，幸好你不是皇上，被你打入冷宫后，真的冷冰冰冷凄凄地过完后半生，别人转头去找温暖去找火，把冷气去了，真的合情合理。

你有什么资格冷战呢？S是基于对恋人性格心理的了解，换句话说，恋人的脾性她了如指掌，她在大多数时候都温柔可人，一旦触及了她的界，她就冷冻对方，但因她的优点多并且深入人心，总有人愿意为她回头，主动求解冻；Q则是年轻任性，当男人是忍者神龟，忍她才是爱她，宠她才是真爱她，她不高兴了，闹脾气了，就得赶紧哄，结果，男人都不是忍者，也不神龟，男人不过是普普通通的人，受不了了，或者以为Q真的要冷酷到底了，索性不待在冷室里了；A遇到S和Q这种恋人，必然以冷战回应之，结局就是所有的苦痛挣扎独自一个人默默承受，待到时过境迁以后发现当初何必呢，争一时之气失去了爱人，如今两个人成了最熟悉的陌生人，彼此再见都有着一份未能好好分手的怨气。

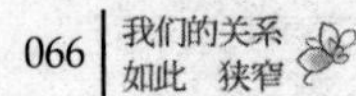

你的冷战是因为什么？是你发起的？还是对方发起的？

我以前认为冷战很酷，我不爽你，那我就不要理你，忽略你好多日子，得到报复的快感。A说，她喜欢冷战，是因为毛主席的一句话：与人斗，其乐无穷。S虽然没说这句话，却实打实地做到了这句话。A相对可怜点，关系里，别人更容易对她发起冷战，开始她会追着问理由，但当对方仍旧不予沟通时，A就开始以冷制冷，而且她是真的狠，要求自己短时间内彻底割断对另一个人的所有好感和念想，总之，这方法在我看来简单粗暴，容易伤身。S的尺度要把握得好很多，她通过冷战更确定自己在对方心中的地位，也在关系中获得更多的主动权。R的冷战则明显地跟着情绪走，可能最先该解决的是情绪的问题，以及如何更好地看待爱情和恋人。

我想说的是，这些招数，其实在两性关系中完全没有必要。如果有必要，那也是因为自己看清了自己。确实，比如你新做领导，你对下属和气，下属却认为你可欺，但当你严厉起来，对方才肯规矩行事。人之贱，就在于，自己想做什么样的人不清不楚，又太容易和习惯陷入社会的恶习中。

S明明可以不靠冷战靠别的方式，但确实冷战的方式太好使，对方也吃这一套。有时候，不是爱情出了问题，而是人性一直有问题。我们不知不觉活得就得用“低级”的方式对待彼此，想一想，人类对待动物的方式，和人们对彼此的方式，有什么区别吗?

你发起冷战，是真的厌恶对方了？那如果从一开始就厌恶，也不称之为冷战了，而是井水不犯河水。一定是因为你们彼此亲密过，却突然地冷落对方，才被称作冷战。你想分手，那就好好聊分手，别企图用冷战逃避；你讨厌对方，那就说彼此冷静冷静，心平气和了再聊；你再恨对方，你不能动手，那是暴力，也不能骂，那是语言暴力，更不能冷战，那是冷暴力，你得学会把伤害降到最低，或者你得学会升级自己的方式，我们是高级动物，我们该用一些高级的方式。

如果你说，你就喜欢冷战，像S，她永远拿捏得准尺度，并且时刻打算吞下自己冷战造成的苦果；或者像A，以冷战回击冷战，这个人就是不要了，也不要遭受这份冷冰冰的苦恼。那我绝对不反对，请继续吧。

而事实上，冷战并不好受。S不好受，A更不好受。当然A相对来说，比较无辜，毕竟不是她发起的冷战，但她以这种方式回击，其实早就违背了她的初心，她最初不过是想沟通，想知道对方为什么突然冷战。

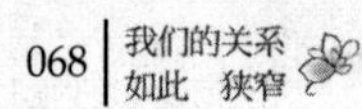

我们还被指导，要晾着别人，要晾着追你的男人，以免他们轻松追到手就不珍惜；要晾着你追求的人，免得太过热情让对方看低；要晾着求着你的，要晾着找你办事的人，要晾着职位低于你的人，要晾着处于劣势的人。你看，你们想晾着冷着冰着的人，统统都是你们会在心里看轻的人，那你们这样看轻，当初又为何看重，看重又为何要爱，爱了后悔了退货不能客气点吗？更何况对方不是货，是活生生的人，有什么资格，将对方的心从一块软豆腐变成冻豆腐？

不妨把话说得可怕一点，别用冷暴力逼出人性的恶，你以为能遏制对方，结果对方想不通反过来伤害你，平添闹剧。因为你发起冷战，对方趁机劈腿的例子还少吗？这种时候你拿来印证对方是个渣男，你想没想过你几时把对方当人看？有话好好说，不说，也别冷战。

主动不可耻，主动是美德。一个人因为你主动而嫌你轻贱，你随时应该让那个人滚；一个人因为你冷战而怕你宠你，早晚他怨念战胜感情，最终伤的是感情和你。

真诚之所以牛逼，是因为技巧永远都是旁门左道甚至使着歪力。实在控制不住想冷战，你不如告诉对方，我要和你冷战。你早晚将学会珍惜那些直接的人，你总有一天会发现直接最让自己舒服。

有人说，直接太伤人。你有多少关于对方的怨念和不满？你有几卡车想对对方说的坏话吗？那你最早是干什么吃的？相爱时又想什么呢？相处时瞎了吗？谁逼着你忍了吗？直接，又不是代表一定要把对方毛病全都挑出来，又不是搞人身攻击，又不是发泄情绪，又不是诉说哀怨，直接是表达直接，爱的时候就说我爱你，别装别忍着，心情不好的时候就说哎心情不怎么好啊，别叽叽歪歪说你没看见我心情不好啊，开心的时候就表现出开心，幸福的时候就诉说幸福。这叫直接。所以，冷战开始前，你有太多方式，何必非等到靠冷战来解决？

别企图让别人猜你，猜透了如何，猜不透又如何？猜透了不一定顺着你，也许对方更警醒，猜不透也不一定还爱你，正好对方可以放弃。你何等金贵，别人凭什么受着你的冷酷到底？许多漂亮的女明星也被甩过，多多金的男人也有得不到的爱，平凡如你，闹什么妖？

你想要的你等着谁给？你这辈子可能就能遇见50个可能与你相爱的人，这都是往多了算的。一般人不超过20个，你

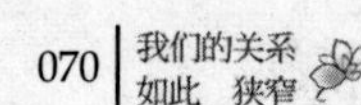

在其中挑挑拣拣，别人再挑挑拣拣你，所剩无几，然后你还可着劲地作，当然也可能是对方可着劲地作，那更不需要冷战，趁早拜拜。

别冷战，没劲，显不出你多牛逼，也并不解恨，真正解恨的应该是你幸福得无边无际，而你上一个尚且如此搞到冷战，下一个又会遇到多好的呢？

放平心，放低自己，珍惜感情，看重人，不冷战。

“说分手”是恋爱神器吗?

E喜欢说分手，她的感情中，她一直占着上风，女人都喜欢在恋爱中占上风，从被追求开始。能像风筝一样牵住一个男人，让对方无法离开，被称作是“高明的手段”。幸运的是，E有一个不舍得跟她分手的男友，为什么无数次E说分手后，最终的结果都是复合，无从知晓其男友内心的想法，但是E与此同时也有附带了一个功能，那就是，爱说分手的她，心比较容易软，如果对方用心地挽回，复合并不难。

X的男友喜欢说分手，X自觉是比较神经大条，可能不大懂哪些地方触犯到了男友的底线，但终归生理心理都还是姑娘，面对男友突然袭击地说分手，她常常无可奈何。刚开始，她回回都以为是真的，后来发现不是，这几乎成了男友的一个坏毛病，定期就要“作”一回，不上演这个戏码就无法释怀。两年相恋以后，在一次闹分手之后，男友坦白，他就是在数算着X的不好，当时不说，但心里在扣分，积压到“一定”时候就爆发“说分手”。

O和男友更有意思，两个人都爱提分手，在O看来，说分手是恋爱必备的招数，虽然E心里也这么想，但E从来不会说出来，她才不会让她男友也习得这个本领。O不怕，O和其男友，针尖对麦芒，恋爱跟打仗似的，火光四溅。这一次O提分手，没过多久男友提分手，每个人提完分手都摔门而去。O已经习惯了，不管谁提完分手，她都跑出来照吃照喝照乐呵。按照她的理论，这样和男人叫板，男人才不会离开，女人太忠诚，男人不会珍惜，女人太花心，对自己也没什么好处，定期提分手，让对方知道她并非离不开他。

你是哪一种？你是总说分手的那一个，还是被说分手的那一个，还是你和你的恋人都爱说分手以此试探彼此在对方心中的分量？

其实很想做一个调查，有多少人因为谎说分手而最终分手了？这里不讨论真想分手的，如果真的想分手，一般人喜欢躲起来，甚至以冷漠的方式，等待对方提分手吧。奇怪，该真正说分手的时候，貌似没有人那么痛快，敢承担说分手后对方的指责和愤怒，特别是因为第三者分手的人，能隐瞒的一定会隐瞒，恋人往往是最后一个知道的。

但以“说分手”图爽快的人却不在少数。我很好奇爱说分手的那些人说分手时是怎么想的？我相信极少会像O那样，如此坦白地认定这是一种恋爱的必要手段。E和X男友那类人，估计早就养成一种习惯，不说难以“解恨”，似乎这成为一种对对方不满的终极表达。“我对你特别不满，我觉得你做的特别不好，我感觉你不够爱我，我此时此刻非常讨厌你只想伤害你”，所以，说分手，成了唯一有效的方式，一说出口，我痛快了，你痛苦了，我满意了。是这样的吗？

说分手，意味着对爱情的单方面的终止，等于在说“我拒绝爱你”“我不想再爱了”“你不值得我爱”。这三句话，无论哪一句话，都会令对方产生受挫感。如果我的恋人对我说分手，我会觉得那好吧，你既然不爱我了，并且你执意要离开，那么我能做到的就是配合你，即便之前我有很多地方你不满意，但你没明确表达过，对于分手这个要求，你如此坚决和郑重地提出来，那么我因为爱你也会满足你的要求。既然你说分手，那就意味着分手了，你就会开心幸福，起码比我们在一起要幸福和开心，分手了，你就可以去找更好的恋人，起码你现在认为我不足够好，分手了，你可以远离有我的这个环境，起码不会像现在这样痛苦。

受挫感只会给一个人带来痛苦，而不是醒悟，更不可能因此而认识到那些你不满的问题。即便对方快速地挽回，热切地讨好，那也只是暂时的，对方可能会想到也许是什么地方做得不够好，甚至伤害了你。但是，即便是两个再亲密的人，即便你以为你们足够了解，人与人之间能做到完全的了解也十分困难。你认为那些不满，导致你不爽说分手的问题，很可能对方都认识不到。所以，你说分手，只不过是为了闹分手，闹过分手后，一切照常，而且，你的行为，对感情造成的伤痕，是难以弥补的。你破坏了感情极为重要的因素——稳定，当然，你可能认为正是因为稳定，才产生怠慢。所以，说分手，是你立威的神器，在感情里，你习惯要求对方，但你却没学会光明正大地提出正当的要求，你一定要通过说分手的方式，将对方踩在脚下，然后再提出要求，如果对方做不到，惩罚就是毁了你们的感情。

说分手，可以被评为十大恋人恶习之首。我实在无法理解使用这个恶习的人，更无法理解鼓励这个恶习的人。一份感情不该珍惜吗，珍惜不该用和珍惜相关的方式吗，用放弃的方式赢得对方的珍惜，那说放弃的那个人呢，还珍惜吗？一次又一次地说分手，这段感情还剩下什么？即便你是个胜利者，即便每次都是你提分手，你就不担心对方在某一次真的离开？你不担心，因为你认为，先说分手，是最有利的招数，如果对方不爱你了，那么也是你先提分手，你先把对方甩了，如果对方还爱你，那么他就要花心思去讨好你，去留住这段感情，甚至，你明知道对方还爱着你，但你因为心中的种种难以安放的情绪，需要用分手来“考验”对方的真心。

我不懂，这种近乎变态的方式为何被越来越多的人得心应手地使用？是不是每一对最终分手成功的恋人之前都经历了无数次的“假分手”，直到有一天，你和对方都适应了分手这件事，谁离开谁都做好了充足的心理准备，或者，在一起的时候，也计划着分手，说分手的同时，也为真分手做好了充分的预备，只等待真正分手的那一天的到来。这样爱，有意思吗？

好的，你会说，没办法，对方就是那种人，只有“说分手”，才能让他认识到问题的严重性，才能重新重视我，才能在感情里好好表现。确实，你也只配和这种人恋爱。累了就说累，烦了就说烦，伤心了就说伤心了，受够了就说受够了，为什么不在累了烦了伤心了受够了之前就倾诉出来，就调整好，就算无法倾诉无法调整，那么在这些时候就表达这些感受，为什么要说分手？你轻轻松松地说出口，轻易地放弃了一段感情，只得到那么一秒的解脱，其余的全都是对爱情和恋人的残忍。如果对方看轻你，不仅应该分手，连开始都不要。但大多数的你们，都是因为喜欢而在一起的不是吗，都是因为对方值得才选择在一起，感情不是衣服，买了可以扔在一边不穿，旧了可以当抹布，不喜欢了可以送人，质量有问题可以去换件新的。

感情是两个人的事情，没有任何人是绝对正确的。谁都不可能总是对的，所以别以爱的名义做些恶劣的事情，别拿爱要挟恋人，别拿感情当游戏。你说分手，不仅是看低对方，看低自己，更看低了这份感情。一份从头到尾都是你参与的感情，为什么出了问题，全部由另一个人承担？爱情在你心中的分量就如此轻贱，让你随时都可以出卖它？

不可以一直用错误的方式去恋爱，不该沉浸在人性互相倾轧的恋爱恶习中。E的做法可恶，X男友的做法愚蠢，O自以为通透，其实不过是趋利避害选择了看似最有效的方式。这从来都不是最有效的方式，这一直都是最愚蠢的方式，伤人伤己不是吗。可你不去改，他不去改，所有人都在婚恋市场中将其恶性循环下去。

“说分手”不是恋爱神器，常说分手的那个不是爱情里的赢家，而是一个愚蠢的可怜虫，被说分手的那个也许才是最好的爱人，和恋人互提分手的是因为两个人都不曾真正爱过。爱是一种天赋，每个人都有的天赋，千万不要让技巧毁了天赋，特别是那些杀伤力威猛的恶习。

在感情里爱说分手的人太讨厌了，你并不是我的唯一，这个地球上，我还有很多人可以去爱，是，你突然说分手，在我意料之外，我很痛，我痛到没法离开你，痛到只想你还在身边，我习惯你在的日子，习惯有你的爱情，但如果你放弃了我，一次又一次，我为什么还要继续留下？因为爱？可这爱你都不珍惜，我一个人要来做什么？你打算把我当作爱你的工具，活着只为了爱你而非被你爱？如此自私的恋人，我为什么还要留下？你不是故意的，你控制不住，那你控制不住说分手这话如此可恶，我那些让你难以接受的有比你更可恶的吗？你拥有着如此恶劣的习惯，你还认为你是我们这段感情中完美的那一方吗？你是为了惩罚我，因为我不够爱你，没能满足你的需要？那是不是意味着如果，我觉得你不够爱我，你没能满足我的需要的时候，我也应该并且可以提出分手？你只是一时气急，冲动出口，你只不过想考验我是不是真的爱你。我是真的爱你，但我无法爱一个在冲动气急时说分手伤害我的人。我不放弃感情，我在冲动气急的时候也告诉自己不说分手，这是我对爱情和恋人最大的仁慈，难道这一点还不够吗，这一点比起你要求我做到的那些点，不该是一个最好的恋人最闪耀的品格吗？

我原本想好好爱你，爱到耗费全部能量也不轻易放弃，爱你的一切，学着爱你，但你却频繁地说分手，你只不过是一个连不说分手都做不到的“低等恋人”，你肯给我继续爱你的机会前，狠狠地无视我，将我推向绝望。如果我变成和你一样，爱情就坏掉了，如果我还是我，我早晚都是要遇到一个高等恋人的。高等恋人，就是肯去用爱的方式去呵护爱情的人，他不会利用我爱你这件事，肆意地伤害我。我会疼，我会累，我会疼到无法再爱你，我会累到不想再爱你。

如果你知道这一场分手最终会和好，那你说出分手的时候，想过对方的心情吗？你想过和好后，对方会怎么想呢？如果是我，我大概会预谋一场真正的分手，只为了报复你无数次和我说分手。你希望我变得和你一样吗？

你在用想象中的自己和想象中的人恋爱吗？

F和我聊起她的某一任，ABC，精英男，即便只在某个城市非长期工作，也买了房子重新布局，按照自己习惯的生活方式装修，会做饭、爱干净、懂生活、品位高。他认为F是难得的他在国内能遇到并看上的“高素质”姑娘，可高素质姑娘F最终受不了他的“完美”，她嫌他自恋，她受不了他太自我，太独立，太不黏腻。她跟他没法暴露最真实的自己，他再好，她使用不了，不能像跟别的男人一样撒泼撒娇。

她说，这个男人是好，他样样都好，但唯独对我不够好，要他做什么。F是我朋友，我心里自然偏向她。可事实上，我也不知道到底谁有错，ABC精英男有什么错。F说，ABC称自己是King，要她做Princess，他希望女人就享受好了，什么也不要管，什么都听他的，由他掌控一切，反正他那么好，那么能干，又不会错。可是F不觉得满足，她也想掌控，她希望对方在爱情里能够配合她。

F长得小鸟依人，但她性格里隐藏的强势慢慢绽放，如今这种强势从职场延续到生活，她软不下来也柔不下来，即便她有着柔美的外表和柔和的声线，但她内心向往的是照顾她体贴她的男人。她和ABC，都被彼此外显的出色所吸引，他们靠对彼此的想象相爱，却最终因为真实的彼此而分开。

每个人都说很了解自己。比如F，她说自己就是要找一个对自己好的男人，关心她，照顾她，黏着她。但她明明理想型是ABC，那些愿意爱着她宠着她惯着她的统统不是她的理想型。她现在一边担忧未来的另一半是否会影响下一代的基因，一边又很肯定自己必须找对自己好的。两者兼备的人也许存在，但遇到也许会很难，目前这样一个大环境下，比较难产出，甚至，也许本身就是矛盾的。我突然想，也许男人真的就是这样一种生物，女人也是，明明爱情可能是种疾病，却偏偏一直被诠释成为人类最神圣的美妙情感。

ABC对另一半的要求让人失望，F的感受应该不会欺骗她，她总能感到他的自恋，当然她也被他引以为傲的方面所吸引。这真的是一种不可调和的矛盾。我思来想去毫无头绪，几乎把自己绕进去。也许我们都不够了解自己，也许我们都用想象中的自己，和想象中的那个人恋爱，所以才造成这么多爱情的故障。

我们都如同F，也许一直把自己想象得如同谁呢？公主？或者女王？小清新的淑女？彪悍的女汉子？我们肯定都为自己贴过标签，我们甚至修炼出几种面孔，面对朋友一个，面对同事一个，面对家人一个，面对恋人一个。我们尝过了什么滋味，就给自己贴个标签，这次被帅的伤了，就把所有帅的淘汰；下次被所爱的伤了，就永久选择被爱；再次被精英男辜负，就笃定这类男人不适合自己；偶尔和一个潮男恋爱失败，就把那类打扮的都归为不靠谱。

这个社会如此拧巴，也许导致我们在看清自己和他人的时候，标准都是混乱不堪的，这其中又掺杂了多少我们臆想的添加？F是习惯在体验中总结的人，她在决定前并不会有过多的思考，行动派都比较容易抛出决定。但是她的内心不肯踏实，不能满足，她想象中的自己，总是遇不到想象中的那个人，甚至即便她遇到了想象中的那个人，却发现自己并不

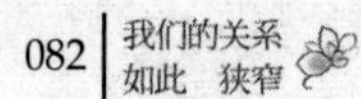

是想象中的自己，甚至都不是对方想象中的自己。

这样的问题确实容易出现。举个例子，我们常看到一些网络红人，以美丽的照片闻名，她们的每一张照片都美好到让你甘愿拜倒在她们的石榴裙下，但你可能偶尔真实接触到，甚至只不过看到她们在某个节目中的表现，才发现那个一直靠发图和文字的姑娘原来内在空空，声音难听，表达无趣，甚至照片里的美都狠狠打折。而在感情中，最重要的恰恰是，你到底是怎样的？这个没办法矫饰和隐藏，因为最终时间会暴露一切。

所以你是什么样子的？你有清晰地了解和认识过吗？抛开你的工作和职位，抛开他人的眼光和评价，抛下那些不断为自己添加的标签，你是什么样子的，你敢面对吗？你已经在很多交际关系中需要掩藏真实的自己，但在爱情里，只有真实的你，才能获得真实的对方。如果你能忍受用想象中的自己和想象中的那个人恋爱，那么我也同样祝福你，只怕最后你得到的不过是午夜轮回时的空虚浮华。

也许是一切太快了，我们又太急了。我们听到Soulmate这个词，还没搞明白准确的意义和做法，就敢张嘴要求别人；我们只认得一种美叫白富美，就恨不得从头到脚都穿得更接近她们；我们明明都没有到达那个精神层次，却以为自己足够衬得起自己想要的；我们自小成长在这样一个环境里，被渲染得哪里有对爱情的领悟力；我们对感情连描述都是抄袭别人的，诸如婚姻是爱情的坟墓……我们不舍得也没头脑去花时间重新整理自己思想、语言、表达，我们看不清自己，看不清对方，也看不清爱情。我们永远偏离现实，却为现实所累，痛恨现实，所以我们寄托想象，因想象不成而更加埋怨现实。

错得太根本了，无从抓起。F没有错，她是个会让人爱上的姑娘，美丽、能干、上进、独立，但她离她想象中的自己或者离他人对她的想象还远，她其实是个很有事业心的姑娘，期望自己做到家庭工作两不误，她不知道该怎样达成，甚至她可能清楚她目前达不到，但她一直追随各种现实中的榜样，没有什么完美的选择，失去是一定的，她抓住了她想得到的；ABC也没有错，他是个优秀的男人，有型，多金，懂生活，有能力，但他也许离想象中的自己还远，或者对他人的想象也不着边际，他大概活在一种“我很完美”的假想中，他大概不懂，自身完美和去爱一个人并不矛盾。

对于我你也许想象过多，如果是我没能表现真实，那么是我不对，我让你失望了。但如果我一开始就真实地站在你面前，却没能让你爱上，我想我不会为此后悔，你若不能爱上真实的我，而爱上我扮演的那个我，那么这份爱注定无法长久。恋爱的开始一定是美好的，其实已经不需要你再为此添加过多的剧情和夸张的表演，你需要的就是保持真实，自然地去恋爱。更何况，真实的你到底有多差，让你如此害怕拿“它”面对恋人?

我也不会无限添加对你的想象，我深知，我若把你神化，那意味着我很自私，一旦神化你，就剥夺了你做人的权利，就将你奉上一个高高在上的台子，不允许你下来，只许你照顾我安慰我怜爱我，而你自己必须独立面对一切。我也相信真实的你，不会有多么的不堪，甚至如果你可以真实地看待自己，也真实地看待我，我们真实地面对爱情，那些无畏的情绪引发的矛盾会少之又少。

你是小城的大伟，就不要让大城市工作的Kevin给吞噬了，即便你换了个洋气的名字，大伟也根植于心。如果你具备脱胎换骨的狠劲，那么祝你努力匹配你想得到的一切。如果你仅仅靠不停歇地盲目追逐，那么最终你连Kevin也会丢了。并非因为小城的大伟就不配得到更好的，只是小城的大伟想要的，是叫Kevin的换不来的。你没法欺骗自己的感受，Kevin的选择没法让大伟幸福。大概“装逼”这个词，最准确的解释就是，你没有的，就不要装作有，装着装着不会真有的，装着装着只不过会让你以为你有了，并且骗到一些人以为你真的有了。

你到底是什么样子的，你得自己扒掉想象，再撕掉你对别人的想象，然后，再谈恋爱。King和Princess从来就不是一对，并且F即便想做Queen，也不想嫁给King。

服不服

W说，她刚开始对下属很亲和，但下属们不吃这一套，反倒认为她好欺负，索性她变得厉害，跟他们发脾气，他们个个规规矩矩，开始学会看她脸色。她感叹，为什么人这么有奴性，我原本想客客气气待他们，非得用非常手段才能让工作进行下去吗？我说，你下属挺适合去我原来的单位，我原来的领导最喜欢拿鸡毛蒜皮的事儿立威，自己就观察和培训下属看他们的脸色。W无奈地摇头，就不能好好工作吗，看我脸色有什么用，你工作做得好，销售额漂亮，我自然脸色好，有工夫看我脸色不如把工作做好。我做下属也是这么想的，可并非人人这么想，有些人，或者有些当领导的人，就喜欢和你较一个劲：你服不服，甚至有些下属也好这么对待：你让不让我服。

我接触过一些男人，无论是同学、朋友，还是同事、领导，你和他们的关系，似乎都必须建立在你让他们服的前提下，不然他们就会自动忽略你的话，他们的眼神和态度无时无刻不在告诉你：你就是个女的，所以你所说的所做的我都可以自动忽略甚至看低。只有你能表现出女领导或者女强人的一面，他们才肯拿出一副像样的态度听你说话。他们还会利用你女性的劣性太监样地跪舔你，并在背后嘲讽你不女人的一面。男人的势利，女人永远都装作没看见。

奇怪的是，男人一回到家，就彻底服自己的女人了，很多80后、90后的男人，即便是那些临近中年的男人，张口闭口所说的对这个世界的看法和了解，竟然都来自家中女人的传授——妈或者是老婆，长久地被女人照顾并从中尝到甜头，受益于女人的“护犊子”心理，心甘情愿地臣服于自家女人的论调。我曾经不止一次说过，男人有着极其女人的一面，并且这种性别和性格的混淆越来越明显，因为我们的教育中，我们的社会中，从来都没有输入平等这一概念，人人都认为平等是不可能的，人与人天生就应该不公平，所以连追求平等的资格都不能有，索性彻底毁了滋养平等的念想。

我不喜欢人性的扭曲角力。有一段时间特别流行“你服不服”“我服了”之类的口头语，我听到了，真的只有反感。虽然现在这些话早就不流行了，但人与人之间的这种角力还在，并且存在于各种关系中。

任何争执最终的结果就是为了让一方臣服，而发起争执的人无疑是想让别人臣服的那类人。但，你不能因此，去刻意地引发争执使人臣服，比如你用不可能甚至无理的要求去命令一个下属，或者你用无知的一个问题去考验下属是否懂得看你的脸色，你不能用爱情去要求对方服从于你，你不能因为某件事情短时间内是正确的得到了一定的好处就在爱人面前耀武扬威地问“你服不服”。服，怎么样？不服，又怎样？谁能保证谁一辈子都对，都让人服，或者为什么偏偏抛下天然的法则，而转去追求这种扭曲的角力？如果你想要看到服，你就必须具备让人服的本事，真心的佩服，从来都不是对你满生怨气屈从于你虚浮的而非货真价实的本事，真心的佩服，是踏踏实实地愿意靠近你。

两性关系里，不是比拼，更不是较量谁比谁能，谁更让谁服。你懂更多的奢侈品牌，不值得你拿出来嘲笑另一半土；你这件事情处理对了，也不至于就否定对方的想法；你工作上有所成就，不要把成就延伸到家庭；外面有很多人服你，你也不需要这队伍里一定要有家庭成员。更重要的是，服这种东西就是错的，它邪性大，容易把关系引向错误的方向。人与人，不是因为对方有什么才值得尊重，才应该平等对待，如果你非要找出一个尊重和平等的资格，那么对方是人，这一点就足够了。

W的下属，如果知道这份工作，该做的，规定内，或者自发的想做的就是这些，那么就遵循去做，而不是看W脸色，如果W心情好，便觉得可以聚堆聊天，如果W心情坏，就表现得更积极主动地对待工作。某些男人，面对女人，不应该想着“这是个女人，并且没有我成功，没有我智慧，女人嘛总归是头发长见识短的生物”，而因此轻视女性，你们不需要像宠爱顺从自己家女人一样对待别人家的女人，但尊重是人生来就该会的。

你要想，你没什么让人必须服的，他人也没义务要劳神让你服。我们有各种适宜的关系和方式，去相处并处理好各种事情，你非要用服不服这一种来看待和对待他人，那么你不过是等待着别人都像甄嬛一样，有一天奋力向上成为人上人，不得不让你臣服，随时并随意踩踏你。

“服不服”这类词被发明出来，大概就是源自一种并不干净的情绪，夹杂着人性势利而残忍的一面。我们用着舒服用着爽，并且别人不用也不知道怎样与别人相处，也因为使用它们更顺应我们人性势利而残忍的一面。我们多习惯那样的关系，比动物多动了点脑筋，比人少了些良心。我们不断地美化、强化它们，教唆人们去使用它们。最终我们得到的关系，那么让我们厌倦、厌恶、烦闷，即便多次舍弃多次得到，都不能从中获得彻底的解脱，后来才终于发现，原来我们只配那种关系，我们总以为是别人的错，原来是自己早就尝不出更甜的关系，只配活在酸苦的关系中因为无能得到而去否定甜的关系。

可能，现在很多的爱情里，都需要有一方让另一方服，这样才会有一方心甘情愿地永不离开，这样的感情廉价得如同买卖。W不喜欢，她说，我不喜欢这样对待下属，但是没办法。我也不想在工作上提点男友，但是没办法，他不能成为提点我的伴侣，并且他在其他方面也没有能力引领我的，我觉得他像一个老妖精在吸走我的精华。是啊，总有人喜欢找个愿意臣服的，在这样的关系中，他们就可以永远靠看对方脸色讨好对方而获取别的他们不想自己去努力得到的，他们倒是不怕被看低，他们大概也以为对方喜欢看到他们臣服。

W就不喜欢，虽然她说不出更多的理由，但是这不是她想要的关系。我也不喜欢，我不想服谁，也不想被服，服谁意味着我必须放弃自己的想法，被服意味着我必须不断地有想法。我永远都喜欢互动、互助、互爱。两个人之所以大于两个人的力量，爱情之所以会激发人的潜能，绝不是因为一方为王，另一方是奴。我们就是人，性别都该抛开，别拿社会的论调和他人的话来要求你我，我们重新确立原则，认准方向，架构关系，我们要并肩跑，输赢都不用谁服谁，有爱这一种情感就足够了。

技巧爱患者

有人说，你的文章没有建设性意见。她评论的是我的那篇《我们的关系如此狭窄》。

A也是，每次和男友出现问题，就想着让闺蜜们出主意，但闺蜜们出的主意、讲的道理她也做不到，如此反复。“鸡汤”喝了，饱了，过后饿了，再喝，没完没了，不能彻底解馋。

网络上大量的爱情指导者，每次看完都惊觉，这是把男人都归类成一种星座，而且还不是分析这个星座让人认清，而是变着法地想着如何顺应这个星座。他们指东，女人都不能向西，他们要可乐，女人就不能点雪碧，他们纵使有着天大的问题，都得女人想着如何化解。反正男人们不会读这些文章，都是写给女人看的。

也可能确实管用，形成教派，写作者出书出名，追捧者越来越多，生怕自己错看了哪一条，婚姻恋情错失良机。量产的就是永久对的，也好奇怪，男人们还真的就吃这一套？他们好似困兽一样，等待着被狩猎，被驯服，被调教。这是母系社会先祖的基因遗传吗？

所以，你们想从我的文字里得到什么，得到立刻就能嫁给李敏镐的步骤？你们不会要的，因为你们不相信会有这样的步骤。那你们为什么相信会有嫁得普通男人的步骤、技巧、手段呢？因为普通男人在你们眼里不过如此，你们是如来佛祖，他们永远逃不出你们的手掌心，何况你们掌握了越来越多的技巧，你们的掌控越来越信手拈来。

男人确实像孩子。但我一直理解的男人像孩子，是男人单纯的一面，他们相信爱情，容易被美好事物吸引，他们像孩子一样保持好奇心，对这个世界有探索精神，他们像孩子一样脆弱，偶尔需要抛开社会对他们的要求不那么坚强勇猛，他们像孩子一样更喜欢玩乐，更向往自由和空间。而你们理解的男人像孩子，是真把男人当个孩子，吃喝拉撒需要人照顾，柔情耐心需要给予，男人可以不逛街不购物不时尚，因为有女人替他们安排造型，男人只要拿回来钱就可以了，但明明很多女人到最后都发现，男人只拿回钱，旅游你制订计划，装修你研究好坏，穿着你学习搭配，做饭你讲究营养均衡，他们统统都不需要参与，这让我想起我们自己，那些寒窗苦读的日子，妈妈们总是说：什么都不用你干，你只要好好读书就行了。你们对男人说：什么都不用你们干，你们只要好好挣钱就行了。

所以，你们要找挣很多钱的那个男人，因为足够的钱才可以省去操心和选择，不用管什么更合适更好更有品位，选贵的就不会错。其实选贵的也会错，但管它呢，这个社会有钱就是对的。可大多数的你们，可能都嫁不了那个钱多到可以解决一切问题的男人，除非你们去国外生活，但他还要在国内挣钱吃喝玩乐，所以你若想过高品质的生活，你就得和他分居移民出国。这又回到一个问题上来，你以为你现在所有的问题，都是你不够努力，这也是鸡汤文告诉你们的，事实上你确实有问题，但这个社会也有问题。我一直说“我们就是社会”，我们构成社会，没有人去改变这一点，那所有的一切都将继续下去。

你们的孩子也要经历我们所经历的，应试教育，就业困难，找对象难。婚恋市场似乎已经翻天覆地了，曾经反对婚前性行为，反对未婚先孕，反对早恋，如今都因为怕嫁不出去，怕怀不上孩子，而变成大肆鼓励，并且竖起大拇指赞许：真棒，结婚前就睡了！真棒，没结婚就怀上了！有些人的可笑可怜，你越看清越不想管，所以有时候，我不想写，我觉得看了的人未必懂，他们不过就是当鸡汤喝一口，继续陷入之前的生活旋涡中，不可抗拒地跟着其他人一起旋转跳跃闭着眼。

恋爱不该是，你和一个人，新鲜地开始吗？我看到那些有恋爱经验的人的眼里，总是透露出一目了然的狡猾感，让人想一巴掌扇过去。不就是有经验吗，那请不要把过往的经验用在我的身上。你女友和你为了前女友大闹三百回合，可我愿意和男友聊起前女友，问问她什么星座，看看我的星座论准不准；你前男友因为你穿得暴露几次三番地闹情绪，可我愿意我女友穿得暴露，她喜欢就好，我会教会她什么叫真性感。那些对付前任，或者从前任那领略到的痛苦，你惦记着，在后来的恋情中看见点眉目就炸了，生怕重蹈覆辙，那你干脆不要开始了多好，既贪恋新鲜的恋爱的美好，又不肯调整自己，反倒指望着对方自动避开你的雷区。你们说的恋爱，不过就是调教。不是上一段感情你是初恋，你被调教，就是下一段感情人家是初恋，你调教别人。或者和初恋都没关系，你们就是喜欢调教，比斗，看谁降得住谁。生为人，干着驯兽的活，还想要爱情。爱情是两个人谈出来的，不是谁压谁一头赢出来的。

技巧爱患者，巴不得总结出所有关于爱情的旁门左道。那些习来的技巧，生搬硬套，不好用就再找，好用了就得意。你知道为什么你们的关系如此狭窄吗，因为你们总是用那些不知道哪读来的个性签名框住自己，你们从来没肯耐心地深刻地去想一想每句话深层的含义。就算这些话出自莎士比亚之口，莎士比亚写出来时的内心丰盈也是你们比不上的。你们不过随手拿来复制粘贴乱用一通，只为了表达一下你们那浅薄的痛痒，你们配不上那些句子，所以你们说的话连道理都不是，不仅做不到，也因为想都没想通透。

在爱情中，一切体系都是独一无二的，表达、习惯、相处方式、默契，共同拥有的记忆，如果你这样理解狭窄是对的，狭窄是因为你们故意的狭窄，别人无法进入。但我所说的狭窄更多的是不肯原创的爱情。你花多少心思了解自己，了解对方，了解两个人的问题，再花多少时间搞定自己，这些不该靠那些技巧。你读到一句话说“爱她就给她买阿根达斯吧”“爱一个人的表现就是在她需要的时候立刻出现”“真爱你的女人一定会愿意为你流产”“女人就该小鸟依人”，等等。然后你逐条对照自己身边的恋人，没做到，差评，还希望他们像客服人员一样耐心售后。你以为自己足够懂得爱，其实你不过是捡别人玩剩下的招数谈着自以为独一无二的恋爱。你哪怕抛开这些条件，这些要要要，去恋爱一次，可能收获会更多。

我还看到做准妈妈的，在微博上不断地“艾特”丈夫，让他们看“如何做个好爸爸”“好男人在妻子怀孕时该做的”……为什么这些男人不去学习，不去主动地阅读？当然有主动阅读、自主学习的一部分男人，他们无不自大自狂自傲，听不得一个不字，特别是女人，不仅自己的女人对他不能发言，其他女人的观点也被自动忽略。男人原本就看低女人，打从心底不尊重女人，不尊重女人的智慧和能力，只依仗女人的母性，而女人原本就看低自己，打从心底里把自己当成男人的附属品，所学习的一切不过是为了给自己加分之后想要遇到更好的男人。这样的两个人，碰撞在一起，怎么可能有爱情的火花？

姑娘们，你们要学习多少，才能获得一个半斤八两的男人？男人们，你们要懒惰到什么时候，才肯略微努力少拿男人这个性别说话？男女平等的前提，就在于是人，而非男人女人，什么时候不把对方的性别、身份的偏见放在首位，什么时候才有平等沟通的可能性。

你说这些好难，可是这个地球早就有人这样活了；你说这还不如去学技巧省劲，可是你原本就该长成这个样子，而且不需要浪费时间去学习技巧，阅读鸡汤。

技巧爱患者们，总是恨不得在茫茫字海中挖出方法论，却从来没想过，世间的事为何要有用才是标准。你爱一个人要求他有用，那便不算爱情。有用是一定的，是附属的赠品。我们的恋爱，需要技巧，是因为，除去两个人以外的生活，再也没有任何谈资，没得聊，没话题，只能家长里短。你整日纠缠在和各色人的关系中，也习惯纠缠在和恋人的关系中，你学习的那些技巧，都是你察言观色后自找烦恼得来的难题，你就没想过比技巧更高超的是没技巧，你就不敢试试没技巧，安稳住自己的心，看看一段恋情能走到哪一段？

得失心重，势利，重利，浮躁，快节奏，利己主义，所以才那么想要技巧，宁可要看到个结果，也不管其他。只要问你好，便点赞，即便问好的人阳奉阴违，也不去教会问好是因为要对人友好。所以熟人之间主动热情问好，陌生人之间仿佛鬼见到鬼生怕眼神碰到一起。似乎这又回到了那篇《我们的关系如此狭窄》，为什么呢，因为我们就是不肯接受真实，认为真实的就是坏的，听到真实的就觉得被攻击。

认清自己，才能接受自己，接受自己，才能爱自己，爱自己才不会自私，不自私才会爱别人，爱别人才会学会爱，学会爱才会更好地爱，更好地爱才有机会遇到爱情。

技巧爱患者，爱我，别用技巧，请用心。

哎呦，劈腿啊

我在什么都不懂的年纪，过早地读了太多故事，真实的或是编造的，美好的或是肮脏的。幸运的是，我偏爱那些美好的故事，至今还有几个念念不忘的爱情故事，短得耐人寻味的深爱彼此的人的故事。能读到这些故事，缘于在居委会工作的姥姥，她总是拿回家各种专为妇女办的周刊，一般都是猎奇文章的集锦，题目诸如“我爱上了男朋友的爸爸”。故事太过于写实，以至于我通过这些故事，见识了恋爱世界的凶残，小小的人，皱着眉头，不明白成人的世界怎么这么脏乱差，不自觉间就给自己修剪了枝杈：千万不能变成那种人，不要变成一个可恨的恋人。

是谁形容大学是象牙塔的？大学根本就是社会的缩影。小S在《康熙来了》里大聊特聊劈腿，我身边也在上演着劈腿。我从来不清楚，其他人是如何快速而成熟地接受一些所谓现实和人性的，起码我当时震惊了，原来我在姥姥拿回来的报纸里看到的故事是真实存在的。真的有人在劈腿，被劈腿的姑娘，只不过和男友冷战，原本一直在等待着男友追回，却不曾想，男友竟然牵着另一个女生的手，在全系人面前公然地一同上课。课堂上，老师喊姑娘的名字，姑娘站起来，不知道要回答什么，坐下来趴在桌子上痛哭。

我因此对那个做了第三者的女生毫无好感，连带着对所有抢别人男友的女生，哦，不，所有企图抢别人男友的女生都没有好感。当然，对那些劈腿的男生更没好感。多年以后，被劈腿的姑娘说，就算当时不分手，后来也不可能在一起的，她一向大度，一向喜欢向前看。倒是我，在劈腿这件事情上思考很久。

为什么不说分手，为什么在预感到要劈腿前不先利利索索分手，给个痛快话？这该不该被列为"恋爱守则"第一条，每个人是不是都该具备恋爱的基本品德？起码，降低伤害的强度。

越长大越发现，原来劈腿无处不在，第三者，婚外恋，出轨，劈腿，脚踏两只船。人类，就是这么一种动物，某些方面和某些动物一样，忠诚是什么，如果不被约束不被教化，忠诚一文不值。甚至，至今为止，仍然有人会认为，一个人同时有多个恋人，是有面子的事。真的不能要求所有人都想法一致，道德约束只能用来告诫自己，不能变成批斗他人的利器。

被劈腿的姑娘后来也劈腿了，也没能在最开始就说分手，而是被对方发现质疑，才说分手。我有时候想，每一个被上一段感情伤害过的人，是不是都带着浓厚的敌意进入下一段感情，将上一个恋人给的伤害，报复到下一个恋人身上？所以常常会有恋人说，我不要和上一段感情一样。真好笑，这对下一段感情何曾公平？

朋友的初恋，遇上了一个刚结束初恋的人。他对初恋的好，不想在朋友身上重复，他认为那些让他觉得好累，而他却享受着朋友的好。我几乎想不留情面地斥责他：为什么你不理清好上一段感情？为什么你在下一段感情里应用你上一段感情的总结，并且是如此自私的结论？因为受伤？因为痛？所以不想再受伤，不想再痛？那是不是每一对恋人都该如此，你从一段伤情中来，带给我伤害，我从和你的伤情中再去伤害下一个人，无限循环？

还好，不是每个人都自私得几近无耻。还好，我们终归会遇到一个有良知的恋人。

劈腿留给那个姑娘的伤，应该被她藏起来不肯碰触吧，然后长成她性格的一部分，暗自翻涌，终于使她成了一个同样劈腿的人。己所不欲，勿施于人。这句话，有多少恋人能够横在心间？有多少恋人，拿不爱了当放纵的借口？

也许开始就是错的，不够爱，却因为寂寞和诱惑舍不得“鸡肋的追求”和“暧昧的被爱”而开始一段感情，渐渐地，又遇到了更爱的人，陷入了劈腿的境地。有时候，我甚至认为，那些总是无辜的劈腿者，比那些有意的劈腿者更可恨，后者坦白自己是个浑蛋，而前者明明在做着浑蛋的事情却允许自己糊涂不从中清醒过来。

我们总要在适当的年纪才懂得某些道理。我已经成长得足够成熟了，我仍旧读着五花八门的故事，以至于这世界上极少有故事能让我感到新鲜和意外。然后我偶然读到一本书，就是今年拍的一部电影《匆匆那年》，我不喜欢电影，它没能表达出我所感悟的，甚至让我觉得，我大约是过度感悟了那部小说，像谁说的，阅读理解比原著还精彩。一夜之间，真的，一个晚上，我读完那本书，我就理解了陈寻，对劈腿这件事也释然了。

情不自禁也好，变心也好，还爱方茴也好，一定是有原因的，但那原因又根本称不上原因，因为原因太多了，如果非要给出一个原因，那就是——变心。人心，是多容易变的啊。你想一想，没有豆瓣之前你在玩什么？如今即便有了豆瓣，难道你就不玩微博和微信了吗？这样举例子可能有人会认为不恰当，毕竟恋爱是和人，不是事物这么简单。是啊，能这样想的人，希望可以一直这样想，一直这样知道人是不一样的，人会痛，谁都不该为你的伤痛买单，谁都不该继承你曾经的痛，谁都不该理所应当从你那经历你曾经的经历。

但这样想又能怎么样？哪一个劈腿的人是十恶不赦的？他们不过将人性的恶，都集中在恋爱这件事上，也只不过将内心的阴暗集中在恋人身上。他们可能就是你身边的人，或者就是你，每时每刻都在喊着要爱，要爱人，要真爱，但都禁不住劈腿、出轨、变心。理由多简单，和爱一个人一样，爱不需要理由，不爱一个人，也从来不需要理由。不爱了的同时，还找好了爱人，那必然弃你如敝履。

残忍吗，这不就是你吗，这不就是你身边的人吗？谁敢说，这一生到目前为止，未负过他人？未负过他人的，必然是被他人所负之人。那些鲜亮的爱情，哪一桩不踏在淘汰之人的心上？不过如此，所以没什么值得秀恩爱的，若真觉得恩爱，就舍不得秀出来招他人嫉妒。

恋爱场上的人，有着和日常的他们截然不同的面目。多少人，有名的有钱的，私人感情混乱不堪。普通人更是如此，不亲密相处，不遭遇事端，外在伪装得十年二十年都不易被发现破绽。近年热火的电影《消失的爱人》，人人觉得恐怖到难以理解，扪心自问，谁不想手刃那个背叛自己的爱人？

我爱一个人物，《欲望都市》里的萨曼莎。要知道，无论外表和气质，我都不可能和她挂钩，我很容易被认为更接近凯莉，但我却爱萨曼莎。不过他人对你的感觉有些时候是对的，我做不了萨曼莎，但我愿意相信有女人是她。萨曼莎在某任男友劈腿之后的一系列举动太酷了，先是暴打男友，断子绝孙脚，忘记是否打了第三者，而后跑到男友公司楼下贴传单，上面赫然写着男友和第三者出轨的斑斑劣迹，不乏粗口，黑人女警察前来阻拦，萨曼莎义愤填膺地讲述她被劈腿的经历，随后赢得女警察的同仇敌忾，两人一同贴着传单。这一幕真的太感人了，忍不住让你拍手叫好。

如果每一个被劈腿的人，都能如此一番，痛快恨之后继续痛快爱，才会做到那句“去爱吧，像从未受过伤害一样”。大学里被劈腿的姑娘，如果当时痛痛快快地骂了，恨了，怨了，那之后，是不是就不会开始草率的感情，也不会对别人做她最讨厌的事情——劈腿。

我们所熟悉的真爱模式是，一男一女，真心相爱，任谁都不可以拆散。现实是什么，现实是，恋爱中的一对人，随随便便的暧昧，轻轻率率的性爱，自己就足够拆散自己的爱情了，哪里需要别人插手。插手别人爱情的固然都是bitch，但没有你爱人的配合，也不足以成为一对儿。最怕的不过是，他们还叫着喊着他们是真爱，那么你这个旧爱呢，都不如李宗盛的旧爱，还会被写成歌唱出来：“旧爱的誓言像极了一个巴掌，每当你记起一句就挨一个耳光。”你这个旧爱，是被丢弃的，你都无法保证，他会否想起你的都是那些关于你的好。

别劈腿。背叛带给人类的痛苦，跟重灾没什么两样。想象一下，如果你的恋人，有个黑社会的哥哥，如果你劈腿，她哥哥就会砍掉你的腿，胳膊，或者要害部位。是的，即便如此，你还是控制不住会劈腿，但是你要相信，每个被你劈过腿的恋人，都想过毁了你。他们之所以没动手，你得感谢文明社会，也感谢他们的智慧，他们不想毁了自己，所以不能违法毁了你。

我倒希望有人揭竿而起，抵制劈腿，号召不劈腿。但我懂，太懂了，这事只能我保证自己，甚至如果哪一天，我不去保证自己了，不克制了，也放肆了，也可能会劈腿。每个不反对的人，沉默的原因不过是给自己退路，这退路就是“有一天，我也许就会变成那样的人”。就像我讨厌和男人保持暧昧的女人，但我的朋友们很可能就是这样的人，我不能干涉她们的自由，甚至因为我懂她们，她们有些做法看起来就情有可原。

人，只有自己痛的时候，才愿意去理解他人。有时候，希望所有人都遭遇劈腿。但可惜的是，即便这样，结果还是不一样，有的人因为劈腿而学会爱，有的人因为劈腿而学会劈腿。我不想顺着什么人性，去解读男人女人的心理，无论男人女人，对待感情，认真是基本，因为你要面对的是一个人啊。你不爱为什么要同意相爱，相爱为什么不去好好爱，好好爱为什么要嫌东嫌西？不仅如此，你还得不断强化爱意，用各种方式。这并非不自然，这才是自然，因为仅仅靠激情，不足以驱使长达数十年的爱情。

在感情上，没有赢家。即便你劈腿，你甩了对方，你抛弃了别人，那些你和恋人在一起的时间，都是同样的浪费了。甚至，你的做法，也许被命运讨厌，你自以为赢了的侥幸心理，让你失去更多，而对方，也许因为你给的伤害，受到命运的眷顾，他们摆脱伤害认清自己，更精准地遇到对的人。

小S原谅了曾经劈腿的黄子佼，没有什么不可以原谅的，如今的她，江湖地位丝毫不低于黄子佼，幸不幸福各自心里清楚。就算不幸又能怎么样，就好似不分开在一起就一定幸福似的。我和蔡康永一样，像铁杆闺蜜一样替被劈腿的人无视了第三者许久，蔡康永说：没有小S的批准，我完全不看黄子佼写的东西。搞笑的是，当年小S在节目里哭着说：虽然分开了，但是我还是祝福你，我希望，不管你有没有跟阿宝交往，我真的不介意，而且，以后我们还是当好朋友。但随后，她伙同闺蜜帮与黄子佼和曾宝仪交恶了15年之久。

有多少人，说什么不过就是说说，让自己舒服，或让别人听着想称赞她。但心里想的是什么呢，也许会做出来，也许做在你看不到的暗处。你大概要成熟到某个程度，到了不得不承认，劈腿真的算人的常态而非存心，那样会不会让你觉得好受些?

希望你，无论你是男人还是女人，都不要像萧亚轩一样，遭遇一次又一次的劈腿。所有人都谴责劈腿者，可我常常想，她为什么偏偏要追求和自己并不符合又不足以匹配的恋人？不过，听说，她快要嫁给年纪比她小家境富有的型男了，希望她能得到幸福。爱，真的是一门庞大复杂的课程，对求学者的要求也相当高，愿你爱的人都爱你，愿你散发着正确的爱的信号。

爱中的不爱期，大概是最难熬的，也算是高分课程，过了它，别劈腿。你总得体味爱的全部吧，别浅尝那些别人嚼过的滋味，别信奉那些虚构的脱离现实的爱情。真实的世界里，你得亲自打造真实的爱。

爱你是场独角戏吗?

没有查找到相关准确的翻译和解释，这个词只是突然间闯进我的想法里——couple time（恋人时间）。如果有人早我将它阐述，希望也是同我一样的理解。每个人的时间有限，每个人都需要自由，每个人都想要空间，但两个人相爱，有些时间就是两个人的时间，你要拿出一些时间给两个人，这些时间很重要，我称呼这些时间为——couple time。

H，他刚刚新婚，在这之前他沉浸在热恋中，婚后一切化学反应即便没有立刻消减，但与之前的强度比，淡化不少。他开始意识到，这一场爱情里，他演的是独角戏。从一开始，就是他在追求，妻子并未在他追求时给予回应，当时她心有所属，当她爱而不得时，才开始回应他，他抓住了机会，或者说是缘分，接下来就是他带着她吃吃喝喝，直到结婚，她自始至终付出的只是身体，还有频繁的撒娇，她把被爱理解成爱情，而他还没来及认识到这一点，两人已经结婚了。他们的关系就好像在实践那句流行的话——“我负责赚钱养家，她负责貌美如花”。她并没有那么美貌，论外表确实要比H好一些。他开始觉得这一切他心甘情愿，但时间久了，他开始觉得为什么都是他在陪着她，他拿出了时间和金钱满足了她，而她呢，全程享受，她的时间都花在自己的装扮上，他们的恋人时间也都是陪着她，遵从她的意愿，那么他的时间呢，他想要的两个人的时间呢？似乎全被忽略了。

Z在恋爱后，心中最强烈的感慨是“两个人竟然比一个人的时候更寂寞”。当她开始主动地为两个人谋划可以待在一起的时间时，男友多数时候都以各种理由拒绝，他会说，不爱看电影，坐在那很累；不想去海边，开车很累；不想逛街，车不好停。她说，那你安排，我配合，他说，我想不出来，再说，我什么也不想做，我就想待在家里。Z退一步想，能够在同一空间同一时间，各做各的，也是好的。但时间久了，她并没能因为这个想法而变得快乐。她在做饭的时候，他在玩游戏；她在刷碗的时候，他在玩游戏；她在刷马桶的时候，他在玩游戏；她跪在那里擦地板的时候，他在玩游戏。他连吃的喝的都不知道自己去准备，只有她递过去的时候，他才知道喝水和吃水果，甚至，如果她忙得没时间喝水吃水果，那这个家里永远也没有别人烧水和洗水果了。

爱上你，注定是场独角戏吗？在这场独角戏里，你的角色，其实可有可无，但你无时不刻不宣告着你的存在，目的不过是告诉别人，“看，我也在戏里演着呢”，可是你演什么了，你表演的难道是观众，作为我们爱情的观众，旁观并顺带观看我一个人的表演？我表演爱上你，又表演怎样爱你，我表演爱要如何相处，还表演爱的各种苦痛挣扎，你在一旁看着，从来都不肯和我出现在一个画面里，从来都不肯费一点力气参与进来，哪怕自己去想去做去演一个环节。我甚至因为不敢让你觉得爱情不该计较，所以从来不敢问你，我们的爱情，你给了我什么。我猜，你一定会说，“我给了你我这个人”，你的这个人，就值得我把我个人的时间分隔出来照顾你陪伴你满足你的个人时间，而我并非要你用个人时间去服务于我的个人时间，我仅仅是希望，你可以拿出来一些时间，给我们俩，给我们的爱情，拿出一部分时间做恋人时间而已。

The couple time太重要了，它关系着恋人的感受，人之所以选择相爱，是因为一个人会孤独，可你却让我尝到了孤独的另一种滋味，或者另一种孤独，原来，两个人在一起的孤独，才最孤独。我宁可忍受一个人的时候，面对这世间赐予人的各种精神体验，也不愿意和你在一起，领略着因为另一个人的忽略而造成的人为酸楚。你什么时候才能明白，才能懂，我们之间其实可以不存在追和被追，爱与被爱，爱多或爱少，主动或被动；你什么时候才能明白，两个人，不再是一个人，就算你从前没学过，你也开始学会给两个人挪出时间；你什么时候才能明白，你自己，不仅没有你一直以为的那样好，并且一直都可能在伤人伤己的路上顽固不化，只不过你的前任们不会聚在一起讨伐你；你什么时候才能明白，说这些，不是为了要求你，不是为了满足我，而仅仅是，如果我们相爱，如果我们想继续爱，如果我们足够爱，如果我们会爱，我们就该懂，couple time的重要性。

你甚至都不需要策划大型的惊喜，你总是被那些影视剧所吓倒，你只是在某些小事上参与进来。我铺床单的时候，你把床脚的床单掖紧；我洗碗的时候，你试着用吸尘器把地上的灰尘吸干净；我擦地的时候，你去烧了水洗了水果；我看剧哭笑的时候，你问一句“好看吗，把片名发给我”……当然，如果我们有更好的couple time，我们有共同的爱好，一起计划去看一场F1，从选城市到选酒店，订机票和行程安排，你都给出建设性的意见，我们两个人投入其中，像partner。为什么恋人就不能合作，为什么恋人就要遇到一件事情便容易着急容易争吵？我们可以一起大扫除，为了我们共同的家，简单分工，忙得热火朝天。我并不是想偷懒或计较谁做多做少，两个人的事，为什么不两个人一起参与？我们可以一起去看海，选一个时间，选一片大海，手挽手走在海边，听海浪的声音，看天海相连的蔚蓝……这些有什么难，你我又怎样繁忙和懒惰，我们又为什么如此消沉地对待我们的爱情？

我不要我刻意地要求，我也不要你刻意地做到，我们为什么没有这种互动的默契，就好像跳舞，两个人配合着旋转起来？我们的爱情，像坏了的陀螺，最开始热闹地旋转，最后都懒得有人拨弄一下。你心里，从来没有为我们两个人留出时间，你心里，大概认为，我们两个人在一起的时间是在浪费时间吧，你心里，肯为你自己留下的时间永远多得不计其数，甚至，你为别人留下的时间都比我们的多。

我最怕的莫过于，你不懂，你以为，couple time不过是我单方面的自私的要求。就像H的妻子，她认为，她带着他吃吃喝喝不就是couple time了吗？就像Z的男友，他在家里陪着她，哪也不去，不也是couple time了吗？前者永远在牺牲恋人的个人时间满足自己的个人时间，后者永远在认为自己的个人时间比恋人的个人时间珍贵百倍。

你不用为我，你只是去想，你为两个人在一起这件事情，付出了多少时间和精力？如果你愿意，你可以花时间算一算，从我们相恋开始，我们在一起的时间有多少，那些在一起却各做各的事情的时间有多少，那些在一起称得上couple time的时间有多少？

你说，我提出的couple time的项目你都不喜欢，你不喜欢F1，你不喜欢打扫，你不喜欢看海。那由你来提，我倒愿意不再费神费力地想，却遭到彻头彻尾的拒绝。你说你就喜欢吃吃喝喝，吃吃喝喝有什么错，吃吃喝喝怎么就不是couple time的好项目了，你大概从未爱过谁，你爱的不过是可以带你吃吃喝喝的卡，卡的主人只不过是附赠的。你大概也没尝过和爱人一同做一顿饭，哪怕你自己做一顿饭给爱人吃的滋味。

我们可以给孩子留出时间，因为我们知道这是必须的；我们可以给朋友留出时间，友谊必须常联络；可以给客户留出时间，客户都是钱主；我们可以给领导留出时间，领导决定你的生计；我们可以给同事留出时间，同事关系要和谐。

我们却留不出时间给恋人，你说我们不是计划一年一次的旅行吗，其实，你不知道，有时候，我觉得这旅行也不一定非要和你一起去，我们更容易被不一样风景所吸引，而不是因为要在一起才想一起去。而且旅行回来，我们在异国他乡的相互依赖又降低了，我们的couple time仍旧几近于无。

我大概爱不到“你只要在那里就足够”的程度，我希望爱情里有你的参与，不是付出，不是牺牲，不是忍让，是参与。那些我们待在一起的时间，有时候很美好，有时候为什么会让我觉得心中寂寥？那些你愿意和我共同去做一些事情而浪费的时间，才算couple time。你可能要好好领会一下，才能懂什么是couple time。

别让这场爱情，成了我一个人的独角戏。演到心灰意冷筋疲力尽，也换不来更多的couple time。

爱真的需要乐观

A和男友闹分手，确切地说是男友闹，极其突然，其实也不算突然，毕竟两人还吵了一架，冷战了好几天。对于A来说，这是天大的痛苦，谁分手都觉得是天大的痛苦，工作也无心做了。一会儿很坚强，畅想分手后的好日子，问我会不会有吴彦祖接盘，我说吴彦祖结婚了，她又说那张震呢，我说张震也结婚了。她开始搜索还有哪个心仪款的男星可以拿出来安慰自己，我决定拿她开心，我问，周杰伦行吗，她说不喜欢那款（周杰伦粉请冷静，少一个跟你们抢的应该开心），我说那好吧他也结婚了。也就那么一会儿，她又很崩溃，几欲落泪，要不是我们在公共场合顾及颜面，估计早嚎了。

我其实打算写个故事，写个姑娘牛气的故事，在感情里像男人一样，不，比男人还痛快，转头就走，毫不留情。我没构思好，我希望见到特例，但我怕真相是没有这样的女人存在，或者这样的女人一旦存在很可能是以千夫所指的方式存在。男女何其公平，我都想推翻我以前写的公平。

我把文字写出来，读的人觉得有理，可她离我这样近，我说什么这会儿她都不见得听得进去。情绪占了上风，我是亲近的人，亲近的人总会引发出更多的情绪。她需要我陪着，不需要我讲道理。男人什么时候能懂呢，女人需要的从来都不是结果，而是过程。但我还是和她说了些想说的，比如乐观。

我顶怕自己对“乐观”这一词的理解，也和大众理解的不同。我不提倡乐观是阿Q精神，我希望乐观是在不欺骗自己的基础上。比如最新的韩剧“海德、哲基尔与我”里，玄彬饰演的心理医生讲了一个案例，一个男人，他自小受父亲虐待，就幻想有其他三个小朋友替自己受虐，又幻想出其他三个小朋友替自己报仇，最终人格分裂出好几个，犯了重罪。欺骗自己的危害就在于此，不多说。我要说的乐观是，你自己能做到的乐观，没有别人可以给你乐观。

如果说我之前写的文章全是写给婚恋中的两个人看的，现在看来只是我希望两个人看，但事实是，我不太清楚有多少男人看，我只知道女人们在看，那么这一次我只写给你看，姑娘，我们不管男人了。

你要乐观，当你在爱情中，如果你爱，你要乐观，你必须用乐观抵御一切，这世界上想破坏你爱情的敌人太多了，物质、精神、房子、存款、工作、小三、父母、婆婆，还有你和他。那些情感信箱为什么一直火爆，因为情感问题真的是一项复杂难搞的大工程。爱情从来都不会好好的，总是会生事，爱情因为两个人，呃，或者两个人以上参与的原因而成为极其不稳定的一种事物。有的人在摸索其中的规则，规则是你必须以这种方式做，最后发现不过是得到了相对和谐，有的人在思考其中的原理，原理是这种方式有效，最后发现根本不存在有效的。怎么办，乐观一点。

我知道很多你也知道的乐观的例子。女明星们，一段又一段感情，一段又一段婚姻，一个又一个前任，她们都挺过来了，得感谢大众的关注，她们不得不继续前行，她们必须展示她们美的一面，在聚光灯下，这是她们的工作，她们必须幸福，这也是她们的工作，没有人愿意看到感情不幸的女明星。A不是女明星，我也不是，你也不是女明星。在恋爱期间，我们必须想些开心的事，力所能及地设计些开心的事，别把时间和精力花在要求和调教男人身上，你觉得这是为两个人的感情好，他并不见得会这样觉得。和朋友去你想去的地方，自己也行，好想去的餐厅，开心地去。不要悲观地想，是不是遇到一个不足够好的恋人，你搞清楚自己想要的，自己爱的，这会帮助你做出正确的选择。不要把自己逼迫到必须吵架的地步，那些“你应该这样”可以换成“我可以这样”，但不是为他做，为他做你会怨念频生，为你自己做，你心情好了，你就不会将心情依附在另一个人身上。你说，那要他何用？那你不爱了吗，不爱了就扔掉，但前提是你扔掉前过得也很开心，而不是长期憋屈地琢磨这个鬼爱情怎么这么令人失望。你说，你这么开心，对方会不会不开心啊，不会，男人都喜欢看到爱人开开心心的，没男人想看一个女人愁眉苦脸的，男人没有那么深厚的承受力。那男人会不会觉得自己不被需要，我没叫你只顾着自己玩就为了气他，乐观地生活，把注意力转移一些，不都在他身上，在你自己身上，展示出你的积极，用思考爱情的时间做些别的，读书也好，看剧也行，不需要多充实，让自己活着，而不是郁闷着。

把你在分手期的反省记下来。别妄自菲薄，把自己看得一无是处。别问他为什么不爱我了，爱这东西太缥渺，更何况是他才能给的答案，你总问自己怎么能得到答案。他说了无数让你伤心的话，别被这些伤心话打倒，不需要去思考这些话的真假，听了知道了，然后不陷入其中，你可以想象这是另一种语言暴力，是只有恋人之间才有的攻击技能，就算你爱他，你伤心，你痛苦，但你不能被击倒。你可以趴在地上，一天，一礼拜，一个月，但你得爬起来，做些什么。你肯定恨，肯定怨，肯定无辜，肯定委屈，这都是你应得的，这是每个人都会经历的，不足为奇。平静一点，别让痛苦把心智全吞没了，一定会，一定会有被吞没的时候，恨不得立刻和时间对骂让时光倒流，回到没发生问题的时候。别去想，过去了，没办法回头，哪些是你能改掉的，哪些是你不能改掉的，列出来，别草率一句我还爱啊，就拼了命地回头。姑娘们总以为为了爱自己可以承受一切，男人却总是因为不能承受而放弃爱。别在这种时候给自己重击，聪明的姑娘会乐观地想，想些力所能及的让自己开心的事，而不是妄想被吴彦祖的爱，后者会让你落空后更落寞。智慧的姑娘会一直表现出乐观，力所能及地积极。我们总不能追在官员的屁股后面抱怨说，为什么把社会搞成这个样子，让我们的爱情无处安放吧。我们也不要把一些自己生活上的压力，倾倒在爱情里。

乐观并不会让你的感情复合，甚至一哭二闹三上吊对复合更管用，但你确定要用这招吗，用久了你一定会累的，而且也许哪次演砸了，结果更不可收拾。你能这样做，说明你泄气了，如果你乐观，你会发现底气还在。你变得更冷静，你开始思考，而不是被情绪拽着跑，某些时候你甚至也认为分手也许不是错误的决定，但是情感上你无法割舍，那么去做些别的，让双方都喘口气，就算他说了一万句不爱你要分开，都要学会屏蔽。你要接受你正在分手这个事实，但不要为此添油加醋，不去丰富自己的戏份，别把自己拖进角色中去，慢慢来，慢慢找回那个自己，或者，你会发现一个新的自己。别急于从他那得到答案，别急于要一个结果。给时间时间，交给时间去处理一些事情，你处理好你自己。

逛街，购物，看电影，看书，写日记，给自己做吃的。别疯狂，要更加规律，趁机养成一个好习惯。做最坏的打算，但不用这个最坏的打算时时刻刻痛击自己的心。这样做不代表你不够爱，这样做只代表你爱自己。兜兜转转，人生的命题不过是，学会爱自己，学会爱他人。但关于爱，也许我们都在跑偏的路上，或许爱，就是这样变化的，我们必须跟上它的脚步，别爱得歪歪扭扭。

爱需要的东西太多了。你要相信，每个人都在尽力，他们没有做好，一定不是故意的。这样想不是为了让你原谅对方，而是让你宽容地对待自己。我其实也在摸索着，那些自己也没能看清的通道，通往哪里又如何回转，人与人之间，爱人与爱人之间，如何去传递能量而非消耗彼此，但这不就是活着的内容之一吗？就算穷其一生不懂，也无关紧要，因为生命可以被理解为一种过程。

爱真的需要乐观。培养自己乐观的生活态度吧。你看，故事里的人那么惨，写故事的人却都拼命活得精彩。我们是普通人，不需要痛苦喂养，也经受不住痛苦的历练，把痛苦留给有才华的人吧。总有一天，你会舍不得伤害自己，然后，也知道如何做，才不伤害爱的人。前提是，你得乐观点。

姑娘，爱情不是生活的全部啊

有一段时间，和同事相聚比较频繁。是由谁开头的呢，好像是R，她总是将话题引向男人，不断讲自己的男人，讲自己的感情，再询问别人的男人，别人的感情。很快地，就有人开始附和，每次聚会最终都变成一场围绕各自男人的茶话会。她们男人的好，她们男人的能干，她们感情的故事，乐此不疲，滔滔不绝。女人和女人聚在一起，还有别的聊的吗？一定有。可为什么不去聊呢？甚至，如果能像《欲望都市》一样聊男人和爱情也好，洒脱的，锐利的，像男人聊女人一样，将自己视为可以与男人平起平坐的姿态去聊男人。

R总是说他男人读书时多么优秀，多少女人追，最终被她得手，她多么地适合他，对他的付出，他多么地离不开她，他们的爱情多么有传奇色彩。其他人显然也被传染了，并且认为这种“格式”的秀恩爱非常得人心，另一个女同事F也加入了行列，突然间在喝着咖啡的时候，聊起男人的家境，她说原本并不看好男友，和男友相恋后才知道男友父母竟然是某市政府官员，还讲起他带她旅行，去澳门赌场，输了一个包。其他人都在艳羡的时候，我却在思考，为什么“输了一个包”这句bug这么大的话，竟然使得他人得出“输好多钱，她男人好豪”的逻辑，要知道她一个连过千元的包都没有。

后来这样的聚会渐渐地就散了，那些和我一样负责倾听的姑娘们，是因为什么理由而不再参加我不得而知，可是让我一礼拜三次牺牲下班后的时间，去参加“聊一聊我男人”为主题的派对，真的没什么吸引力。第一次可以，但次次如此，抱歉，听你讲你男人和你爱情的故事，而且是经过PS的词句，实在对除你以外的人毫无意义。

姑娘们，偶像剧一直告诉我们，爱情是生活的全部。你看剧里面的主角们，什么事情都不重要，恋爱第一位，我们爱的男主角，永远把女主角放在第一位，爸妈可以不要，遗产可以不要，工作可以不要，未婚妻都可以不要，因为爱，因为爱你，他们随时抛弃一切来爱你。而女主们的生活呢，完全就是恋爱模式，事业都是必然会成功的，但主要还是恋爱，活着就是为了恋爱，每天喜怒哀乐都围着爱情转，爱情顺了，开心幸福，爱情不顺了，找男二号喝酒。爱情就是生活的全部，反正上段爱情没了，就算是什么都没有，也会有下一段爱情的。

毛姆说：“年轻人在成长中被寄予厚望，童话和幻想是他们的精神食粮，而这些都让他无法适应现实生活。不彻底打碎他的幻想，他将会痛苦颓唐。”看来不只是年轻人，有些并不再年轻的人，也一样不是吗？

我们可以谈论爱情，可以谈论男人，但我们不能将爱情当作生活的全部。为什么我只写给姑娘们看，因为“不把爱情当作生活的全部”这句话，男人们天生就懂，并且他们做得非常棒。只有女人们，不清楚为什么女人会如此，大概因为夏娃是亚当的一根肋骨，似乎注定了女人要依附于男人而存在。科学点说，女人们在社会中过度关注关系，而男人们更专注于事物本身。女人一生，都致力于处理各种关系，而和男人的关系，成为了她们首要的重任。

乌鸡妈，千万不要啊。姑娘们，我知道一定有人会告诉你，这是你应该具备的能力，甚至值得你一生为之战斗。但是我要说，不要。不要把你的战场，设立在男人身上，通过征服男人而征服的世界，那个世界是男人的世界，从来都不是你的。甄嬛演过了，武则天也活过了，她们直到最后才知道自己的一生就毁在了以征服男人为己任的战场上。最重要的是，时代已经变了，时代还在变，你为什么不变，你是女人，因此你就要穷尽一生去以男权社会的标准要求自己？只为了能够得到一个男人？而这个所谓的得到不过是结婚生孩子和一个貌似相爱的男人到老？

我并非要你成为女权主义者，你也可能不会成为女权主义者；我更不要你与男人为敌，与男人为敌没什么意思，和要很多男人爱上你一样没意思。我只是希望你知道，另一种可能，关于你关于我们的另一种可能。那就是，我们从生下来那一刻起，即便拥有着不可改变的性别，我们也可以逾越性别去做一切你想做的事情，你应该在这世界各个领域里驰骋翱翔，即便你蓬头垢面也甘之如饴。你可以等一个爱你的人，而不是为此自卑自责自伤。取悦并不是多高级的词，如果你拥有真正的尊严，而不是那种靠别人给你面子而得的尊严，那么你不会喜欢这个词，也不会要求自己做到这个词。有些感情值得你去为之伤筋动骨，有些男人值得你爱得忘了自己，即便如此，爱情也不该是你生活的全部，男人更不该是你生活的重心。

你陷入一段感情，情不自禁地去想象、去预想、去设计你们在一起的画面，可以，但请计划好时间，不可以一天什么都不做只去想这些。好吧，可以一天什么都不做，年轻的时候恋爱最大，但千万别允许自己失望，你精心想象和设计的一旦未达成，没能有个称心的男主像偶像剧一样配合地演到位，你不能为此抱怨，没有人要求你把时间全部投入给爱情不是吗？那些你们分开的时间里，你不能不断地渴望，迫不及待地要在一起，思念是不可控的，但情绪是可控的，你不可以像得了爱情焦虑症一样，一时离开了爱人，就好似生死别离一样的伤感，爱情同样需要正能量，正能量绝不来自黏腻，而是来自“不在一起时更爱你”。你得有这个觉悟，才可以安全进入一段感情；对方只要不理你，或者不够热切地亲近你，你就生气、伤悲、消沉，认为对方不爱你了，感情不浓烈了，姑娘，你除非找个姑娘恋爱，和你一样细腻，了解你的心理，男人的天赋就是快速地投入到自己想做的事情上，你也应该具备同样的能力，这对你的好处不是在于男人会因此对你刮目相看，而是你确实应该让自己的时间丰盈起来。你没有爱好吗？没有想专注做的事情吗？你要有。男人在玩游戏，男人在和男人们聚会、运动、侃大山，你无所事事，对身边的女人也毫无兴趣，你就是个陪伴儿，虽然你是正牌女友，但其实跟那些老板带出来的非法女友没两样，不过是混进男人圈子里的女伴儿，所有女人都该在此时去享受自己在这场聚会中感兴趣的事物，而不是做好谁谁的女朋友，就算其他姑娘不会这样想，你也应该独自去享受。

我不知道我说得够不够清楚，你能明白多少。我只是羡慕那样一种状态，那种明明恋爱了，明明是两个人了，却更加自我的状态。我的文字，一直都不单单针对单一的性别，我从来不会只要求女人不要求男人，只谴责男人不指出女人的问题。但这一篇文章，我是写给女人的，写给姑娘们。

我们为什么不可以让我们的世界里，即便爱着，即便拥有爱情，即便心里装着个男人，也一样可以跳出来，完全地沉浸在自己的世界里。爱情是两个人的戏，你单方面演得再好，对手演技烂，这也不会是出好戏。你不该抓爱情的量，你不该以为时间成本的投入，就会换得爱的高质量，你不该以为你把身心都放在爱情和男人身上，就会得到大礼包。你应该抓爱情的质量，那些确定要在一起的时间，和那个人享受你们的爱情，尽情地，痛快地。然后，像男人一样，在该抽离的时候抽身，投入到其他值得你专注的事情上。英文有个词叫love affair，我觉得有意思，affair就是事情的意思，爱情也是一件事情，和生活中的其他事情一样，怎么该是生活的全部?

还有那些哭着喊着叫着要男朋友要嫁出去的姑娘们，生活中的其他事情做得如何了？不想做，因为完成爱情这件事情以后，其他事情就会迎刃而解？就算根本就不存在“有男人就等于没烦恼”，但到时候可以扔给男人解决。还好有很多话，诸如“我要你知道，在这个世界上总有一个人是等着你的，不管在什么时候，不管在什么地方，反正你知道，总有这么个人”，张爱玲写这句话的时候哪里知道她后来会客死异乡身边没有一个人，还好她应该清楚那些话是写给别人看的。这不是打击你，而是想问你，你的生命中，真的没有任何事情比你所谓的爱情更值得你热爱的吗？如果你的生活没有爱情充盈，你打算拿什么充盈?

一个自己可以把生活打理得很好的人从来都不缺爱人，也不缺人爱。生活的方方面面，你解决了多少面，或者，你面对了多少面？多少年，你躲在父母身后的保温箱里，像婴儿一样娇惯无助，其他你能解决的事情你都解决不了，爱情这件事情你也解决不了，你推卸责任，将矛头全指向对方，说“你来解决”，而你什么也没做，只是上网搜一搜别人提出的问题，再拿来苛责对方。

懂得爱情不是生活的全部，最大的受益者是你自己，这其中的美妙，大概只有你自己去体会，不可言传无法身教。我们都在路上，但你一定要学会独自一步一脚印地走。

姑娘，爱情不是生活的全部，爱情也从来不是你为男人做出的牺牲，爱情是你自己的，一直可以由你掌控。

男人，不会一直在

我在女友K家住的时候，马桶冲水坏了一直流水，我习惯性地告诉她，让她找中介处理。她说，等我去看看吧。我当时的心情难以描述，反正再也说不出口“让中介来修”之类的话了。我自己把马桶水槽盖打开，一番拨弄，没想到彻底修好了冲水的按钮，之前很难按，女友有次还因为用力按，而扭到了胳膊。

我和另一个女友B去旅游的时候，在一个岛上，只能步行。因为想每天换个酒店住，所以每天都要拖着行李走到下一家酒店。她看到有男友的女孩就特别羡慕，那些男人全是称职的保姆，不仅重行李他们拿着，还有的拿着板凳随时给女友歇息用。女友一副不开心的样子和我说，要是有个男人在就好了。本来我也没觉得这和男人有什么关系，经她点明之后只觉得莫名其妙。

很多女人，或者说女孩，都习惯“有个男人在”的生活，习惯把“有个男人在就好了”挂在嘴边。水木丁说：“上一次我分享一个开罐头瓶盖的小窍门，有姑娘的反应是，哎呀好可怜竟然自己开罐头。” 这种逻辑这些姑娘是从什么年纪开始形成的？我至今为止只肯承认男人普遍比女人力气大，除此之外，我没享受过某些女生所说的“男人的好”。

你把男人当作什么呢？超人？都教授？我们都知道超人和外星人目前不会隐藏在身边生活。有些女人对男人如此渴望，并且渴望得如此实际，真不知道是高看了男人还是看低了男人。

你千辛万苦费尽心思找个男人，就是为了在旅游的时候给你拖个行李？你百般纠结最终选择的男人，就是为了能在马桶坏了的时候把马桶修好？你口口声声说真爱的男人，就是为了能帮你打开罐头瓶盖？你说你找到了对的人，你们心灵相通，就是因为他知道去买搓澡巾和洗碗布？

并不是因为这些事小到不值一提，这些烦琐的生活之事，也很重要。巴尔扎克说：爱情抵抗不住烦琐的家务，必须有一方品质更坚强。但你确定你找个男人，就是为了让他做这些烦琐的劳务？那你在爱情里做什么呢？你觉得你是男人的恋人，还是太后？男人是你的恋人，还是仆从？

还有喜欢秀男友给自己剪脚指甲的，用经典句式美其名曰：一个男人若真爱你，就愿意为你剪脚指甲。我实在无法从中体会到一丁点恩爱，连爱都体会不到，洗浴中心花点钱帅气小哥分分钟剪得比你男人爽太多了，难道你老公连修脚这么爽的事情都没带你体验过？你一定会狡辩，脸红脖子粗地鄙视我：你不懂，那能和自己老公一样吗，你肯定没人爱，才吃不到葡萄说葡萄酸。你反驳得在理，确实自己老公不一样，可你却还是让你老公抢人家修脚小工的活。

恩爱的方式有很多种，能别拿最低级的出来秀吗？更何况，只有你老公不嫌弃你的脚丫子和脚指甲缝里的灰。像我这种有洁癖的人，几乎读文字没看图的时候就已经闻到你常穿高跟鞋不穿袜子的酸臭味儿了。这玩意不体面，什么时候你才能明白，爱情和恩爱也许都不是这些东西呢。

男人，不会一直在。身边没有男人的时候，怎么办，等着，晾着，干看着，肯定无法进行了吗？我真不想标榜自己，可是一定有像我这样的姑娘，自懂事起，就不怎么会借助男人的力量，当课代表时，抱再沉的作业本，去老师办公室的路再长，也一个人做，并且抱得稳稳的；隔壁班的课代表，每次送本遇见，身边都跟着不同的男生，她就是负责来和老师们打招呼的。这活累不着，再不行，分两次送，何必这会儿想到用男生？或者是为了以此显示自己的魅力？做姑娘，有些招数再傻再晚熟，早晚有明白的时候，不使那些招，是因为没必要，还因为没意思。有时候，那些你觉得足够代表了些什么的行为，在某些人眼里，如同黑掉的柿子，连想捏的想法都没有。

还有女友B，她几乎一直在没男人的时候羡慕所有有男人的，在有男人的时候羡慕别人男人有的。你问我当时怎么想，我承认我最开始就决定带个小点的箱子，也预料到和女友旅行必须独立自主，前提就是大家体力有限，得照顾好自己。其次，我压根就不会想更不会看别人有男人这件事，就算我看见了，但我的大脑，不会直接得出“有个男人在就好了”的辛酸感慨。而当我发现，她的箱子大我两倍，并且已经开始不想坚持的时候，我伸出了援手。但这似乎不能满足她，好可惜，因为我不是个男人，或者我和她在一起，就应该变成一个像男人的女人。

是谁告诉你，男人是解决一切问题的万能钥匙？我特别好奇给你灌输和影响的这些人，是男权社会里的男人还是依附于男权得利的女人？我们不聊这么深的话题，你们也做不了女权主义者。但是，你确定没有男人在，你就觉得什么事情也做不了，或者，觉得自己是这世界上最可怜最可悲最惨的那个人？

女友K，也语重心长地和我说过，我还是需要个男人，生活确实需要个男人。但她如今驻派外地，一切事务自己打理，洗手盆的下水道自己卸了清理里面的堵塞物，灶台和厨房的油渍自己用力地蹭掉，锅碗瓢盆超市里花了一千多的那些重物是我们两个体重不超过二百的细胳膊细腿的姑娘打蹦蹦车拎回来的，还有每天的两桶八升的水，一人一桶拎回家，有些时候，我一个人就拎两桶。这些时候，都没有男人，怎么办？让马桶坏着，让下水道堵着，让灶台油着，让自己渴着，永远也别想用上锅？

我也有过委屈，特别是当你有男友的时候，你看着别的姑娘有男人每天打水送到宿舍，你看到有男人给洗床单，你看到有男人车接车送上下班……我买了电热棒（危险，大学生请谨慎使用），虽然规定不让用，但事实上打水麻烦热水也不够热，那些让男友打水的后来也改用电热棒；我用布做成帘子把床挡上，床单少落尘，也没人随便坐，个人卫生保持好，假期拿回家用洗衣机洗；车接车送这回事，能打车就打车，男人从他的单位开过来，顺路还好，不顺路你得等着，他得堵着，劳时伤人。我也被人质问过，这种雨天也不来接你，那个节日也不送你花，怎么不给你这个，怎么不对你那样。也不知道这条条规则从哪里来的，大概都受了“如果爱她，就给她买哈根达斯吧”之类的广告语的毒害吧。一个男人什么也不为你做，肯定不爱你，但一个男人已经尽他所能做了，你却要求那些他没想到的而忽略他做到的，那请你放了这个男人吧。

其实，你也没做到什么不是吗？你想过吗，如果男人也都像你这么想，而且确实有男人也在这样想，你想过你们最后没在一起的原因其实不是你不够好，而是你没有对他好过吗？无节制滥用他人的好，都是不可以的，更何况是对你喜欢的人。那些你可以一个人做的事情，不需要自怨自艾，更不要拿“别人的男人在”、“有个男人在就好了”这类的观念催生自我怜悯，这种想法会把你变成嗷嗷待哺的羔羊，而且你还没有那么娇弱和可爱。如果男人不在，你自己也可以，这不代表你没人爱，这恰恰代表着你正在爱。

爱就要付出，付出其实很矛盾，你辛苦对方心疼，对方辛苦你心疼。可是姑娘，你们所表达和表现出来的，都是希望男人辛苦，你们也不打算心疼的姿态，我真替你们的男人捏了把汗。我曾经想过，两个人若真爱，真的心疼到对方什么也不希望对方做，但我后来才明白，这样不对，爱里面还有别的成分，比如分担、责任、奉献等，要做，要亲自做，才能感受爱与被爱，那是用钱换不来的恩爱感觉。

你要知道，男人，不会一直在。但爱是在的。

你又不是花泽类

昨天和朋友聊天，聊到我们共同的前同事Y，双子男，以我遇过的帅哥的标准，他这类属于毫无姿色，并且身材五五分，一个普通男的，当时被公司四五个小姑娘小媳妇看好，为了他还引发起“宫斗”，女的为了个男的闺蜜情也没了。这男的我也接触过，很汤姆苏，你跟他多讲几句话，他都认为你对他有意思。他对女人有种探究的眼神，无时无刻不在估量你，这个女人值不值得下手，反正我是被他这种眼神吓跑了，连一句话都不敢多讲。

他最大的特点就是被动。我不清楚他到底有什么资格可以被动，其他女的又为什么要对他主动。想一想，我也是对他主动，但是因为我们有共同关系不错的一位同事，并且我对他没普通同事以外的想法。

“流星花园”里，我喜欢花泽类。一眼击中，即便他后来被藤堂静搞得神经兮兮。杉菜开始也喜欢花泽类，忧郁，安静，默默的善良，温柔的气息。和他比起来，道明寺像个反面教材。当然，很多姑娘喜欢的是道明寺，她们更喜欢被动。

如果有两个男性角色，我一定会倾向被动的那个。此题无解。但是，我也只会对花泽类式的男人主动，我也只认为花泽类式的男人可以被动。你算哪颗葱，你又不是花泽类，你有什么本事被动？

被动的男人，当你迷恋他们的时候，他们的被动是勾引你的美杜莎。而当你恢复正常时，你就会发现，他们的被动简直是万丈深渊。

不主动。不主动和你说话，电话不主动，短信不主动，QQ不主动，微信不主动。不主动表白，任何和喜欢你相关的表情、动作、语言，都少之又少，甚至没有，如果你察觉到了，很可能是你在意淫。不主动约会，不发起约会，不制订约会的地点、时间，不组织任何关于你们的活动。不主动沟通，什么也不说，全靠你猜，开心不说，心烦不说，你俩出问题了也不说。

不拒绝。你电话，你短信，你QQ，你微信，他不及时回，但总会回。你表现出喜欢他，你主动示意他，他接受但仍旧不表态。你发起的约会、活动、饭局，他有心情有时间会去。你说什么，他都不回应，听着或者根本没听。

他们像待价而沽的货品，等着你的品鉴和挑选。你为了品鉴他们，花了时间、精力甚至金钱，但他们不是物品，不是你想买就能买走，他们还不如物品，他们事特多。他们被动可能因为你不值得主动，也可能因为他们就是喜欢被动。被动的成本多低，面试官多淡定多坦然多占据主导地位，而面试者多可怜多无力多弱势。看似主动权在你这方，你出击，但事实上掌控权在他们那里，他们若说不要，你之前的付出全白费。

有些男人的被动让人深恶痛绝，不仅仅是以上表层的被动。男孩被养成的过程就是一个培养其被动的精华课。当男孩妈妈的女人，几乎像伺候主子少爷公子哥一样把儿子养大，袜子内裤不洗，脾气性格臭屁，即便如此，男孩妈妈们却总以儿子为傲，他们任何缺点都能成为优点。被动男人的被动就是优点，会被贴上内向、老实、稳重、忠诚的标签。仅仅是标签而已，不要傻了好吗，被动只是被动，为什么要联想那么多有的没的。

让我们来看看被动男的一生。从上幼儿园开始，不调皮捣蛋，受女老师偏爱；上小学，母亲各种给老师送礼，让照顾他，给他换让他满意的同桌；初中，开始被女孩倒追，可能还幼稚，偶有回应，也从中积累经验；高中，被倒追的全盛时期，名声在外，却不许诺任何一个，为什么呢，因为并不自信，自信或者自大的被动男，都可能成渣男，不是那种主动撒网到处花心的渣，而是被动接受备胎无数的渣；大学，混日子，可能开始一段恋爱，发现被追不过如此，被追到了才发现不喜欢对方，只不过喜欢被追的感觉，好似他妈跟着他屁股后面追他吃饭，这让他们感受到母爱；工作，即便想主动追女孩，也力不从心，这么多年积累的技巧都是被动的技巧，所以在追自己的姑娘里择优找个最像妈的；婚后，仍旧自私，只忙乎自己那堆事，和单身时候一样，游戏时间游戏，运动时间运动，看球时间看球，约会女的组织，家务女的做，财女的理，饭女的做，内衣裤女的洗，妻子从他妈那里把照顾他的工作继承下来，他安然享受，因为这就是他选择她的理由啊，既然她追的他，那在他看来，他就有资格有理由这么要求她，被动的人就是这么不要脸，面试官总要求面试者什么都会不是吗?

你千万不能挑明这些说，你不能说你能不能为家操点心，你能不能对我主动点。呵呵，他会微微一笑，无耻地回击，我怎么没为家操心，房子不是我买的，车不是我买的，你怎么那么计较，你就做这点事而已，而且打电话谁先打能怎么了，有事就打吧，没事打电话有什么可唠的。他们觉得自己没做错啊，他们还觉得你为什么要打扰他们的生活呢，他一直以来的生活都是这样的，娶了你还要就此打破几十年的生活方式和习惯，还不如休了你。

被动的人的骨子里，没有付出这两个字。或者有，付出对于他们来说，就是他们一旦心血来潮心情不错的时候主动对你付出了，你一定要以受宠若惊惊喜万分的姿态接着，并且把这次付出长久地铭记在心，用来在你每时每刻付出的时候拿出来安慰或兑换。他们还要求你在内心深处强化一些理念，那就是：老子都这么对你了，你该知足了，毕竟是你先追的我，我勉强才同意的哦。其实这样说被动男不公平，因为被动女也是这样子的。

被动者的自私是，你来，我看，我觉得你还行那你的好处我接着并和你保持你主动我被动的相处模式，你找我吃饭，我看心情，你找我看电影，我不看白不看，你找我逛街，我有要买的正好你陪我去。但当你真正需要他，陪着你做你想做的事情的时候，不好意思，没有空。

那些看似不动声色的人，到底内心藏着多少阴谋，才足以活得如此被动，榨干他人的热情呢？你们又不是花泽类，你们凭什么？凭仅有的别人对你们的一时情动？当然，很多女人也如此，也让很多男人无奈。这个社会把主动的人认定为不怀好意，或者有所图谋，把被动的人认定为安静随和，或者内秀害羞。我不喜欢你以一副“被动者”的姿态出现在我面前，好似我喜欢你这件事情，是我一厢情愿的，无论你回应或不回应，因为是我主动，都是我活该。

如果你真的是花泽类，帅得达到全球前一万名以内，家底殷实，自身优质，童年阴影加上心中另有所属，你对我不冷不热不咸不淡，我若喜欢你我可以接受。但你是谁啊？你谁也不是，你不过是我某一瞬间荷尔蒙乱了做出的错误选择，却企图从我这得到对待花泽类般的待遇。不好意思，就算你条件差不多匹配，你也不是花泽类，花泽类多痴情，即便他的被动把他和女人、朋友的关系搞得暧昧混乱，他天生气质如此，你却可以不那么自私稍微改变一下，只要你不是小时候得过自闭症，你就该要求自己做到互动。

看，要求多低，仅仅是互动，而不是主动。如果你做不到，那你就不要和任何主动找到你的人接触，你不如被动到底，被动到只接受自己家人的照顾如何呢？说白了，被动的人并不甘于寂寞，奇怪吧，被动的人最讨厌宅，被动的人最喜欢网络软件，被动的人最喜欢赶场子、约会、出去玩，然后在各色平台上秀。被动的人才不会让自己憋着呢，他们那么多年靠别人主动得来的关系，在暗处精心经营着，前一分钟你离开了，下一秒就有补位的。敢被动的前提，就是后宫无数。

难以想象，一个被动的男人，在妻子生孩子昏迷时，也因为之前从未主动面对并处理而不知如何做选择，恨不得把妻子摇醒让其选择是否剖腹产。被动的人，不想承担选择的后果，利用别人主动费神的时间，一边玩自己的一边慢悠悠地选择。他们选择的过程中，搭进了多少别人的努力，别人拼命努力不过就是为了让他们可以痛快地选择。

别找一个需要你长久被动的恋人，当然也不要找个主动的人，那样你就变成可耻的被动者。找个互动的爱人。

大概因为我讨厌任何必须谈技巧才能长久的关系，所以我就想这样，不是说我就要这样无耻不自知地浑蛋下去，而是我就这样好的坏的都真实地在你面前，会伤害你的我会改，让你幸福的我继续照做。我不会拿你爱我这件事，刻意难为你，也不会拿我爱你这样事，刻意要求你。我不会被动地接受你一切的好而自己什么都不做。但是，我们如此不同，我们都如此平凡善良，我们对彼此不会有重大的人身伤害，我不清楚我的哪些小问题会让你觉得不舒服，如果你能主动告诉我，而不是被动地计较，那么我想我们的关系会更好。这叫互动。

真的，你又不是花泽类。你不要这样做人好吗，特别是做恋人。

男人，没那么坏，也没那么好

刚上小学的时候，会被男生欺负，不是纯粹的恶意，比如会抢你的马甲，雨后你站在树下他疯狂摇树弄湿你一身，还有男生拿着癞蛤蟆跑到我家就为我开门那一刻吓我。精明的女生，很早就看透这一切，她们会说，这也许是种喜欢。这种说法并不会打动我，更不值得我因此而沾沾自喜。

高中，我开始意识到男生的嫉妒。很明显有两个男生，成绩与我不差上下，其中一个对我极不友好，另一个干脆不与任何人交流。我数学不好，向这两位请教过，前者不情不愿，后者干脆拒绝。倒是有个女生，成绩不如我们几个，但极耐心，声音也舒服，给我讲了很多题。

其实，我也曾一度认为，女生和女生比女生和男生难相处。我大学里同系的一个女生，个性张扬，头发染得金黄如同金丝，从来不与女生来往，除非用到你的时候。但她与男生保持良好的关系，在女生眼里私生活开放的她，在男生眼里非常棒，潇洒痛快。我还有重色轻友的朋友，初中同桌，对我这个好友态度一般，耐心全给了男性朋友，愿意为他们付出辛劳，她对历任男同桌都照顾有佳。工作以后一些女同事给我的感觉更明显，在同性面前热情度和性格都一般，在异性面前娇态频频眉眼和顺。甚至有一个同事兼好友的姑娘，在我将我一位异性朋友介绍给她之后，迅速与其打得火热，果断将我排除在外。我后来才知道，她对我始终有戒心，倒不是针对我，而是针对女人，她对男人很放心，她看似清冷孤僻，其实内心很仰仗男性，无论是男领导、男同事还是男同行；而女人在她的理念里，貌似代表着伤害她的角色，她的概念里，女人一定会难为女人，相信不少女人这样想并带着这样的想法活着。

人们习惯说，女孩“情商”比男孩高，我第一反对大众认知的关于情商的理解，第二反对这个说法。我们的成长和教育中，对两性的要求模式固化而导致诸多不被察觉的问题。而事实不过是，男性被给予或者天生具备专注力，而女性被要求或者被剥夺了专注力，对男人要求是成事，对女人要求则是多关注他人。但鉴于中国社会，在我看来，偏女性化思维和逻辑，所以很多男人“情商”并不输于女人，当然，很多男人的专注力可能不如女人。

男人没有那么坏，那些感情受挫的女人，习惯一味用“男人都不是好东西”来化解问题，可当她们这样说的时候，也并没有认为女人就是好的。只是当男人不如她们意时，她们产生的一种缺乏任何逻辑的愤恨的表达。在坏上，在人性上，甚至在感情的诸多问题上，男女其实都半斤八两。有薄情汉，就有负心女，有滥情男，就有放浪女。女人习惯以一个弱者的姿态面对两性关系，当然男人也许在劈腿方面的概率是大，机会也可能更多，但一味地做弱者也并不会换来任何期望的好结果，不是吗？男人不会因为女人弱，而心生自律，恰恰是男人要学会尊重，尊重他人，也尊重女人，像尊重男人一样尊重女人，才可能由衷地郑重地面对感情。

也有感情里凄惨的男人，但我们更多会认为他们“没出息”，而不是多受伤。女孩们总有这样的经历，总偏见地认为男人在争吵时的沉默和过后的冷战，是男人对女人的报复，是男人对感情的不在乎，是男人不爱自己的有力证据，而当有一天你抛下这些认知，发现男人的脆弱和不善于表达，甚至可能因为社会，也就是“每个人”对男人这个定义的一种束缚导致他如此之时，你会成为一个女人，会重新理解男人，当然你还可能成为一个母亲，过度地怜惜男人，但最好不要。

女人并非仅对异性的看法根深蒂固，对同性是一样的。多少女人提防着容貌比自己出色的女人，认为她们一定会勾引男人，恨不得她们离自己男人十万八千里；多少女人认为自己圈子以外甚至圈子以内的某些女人是bitch，只是不方便撕破脸皮；多少女人认为男人就是大度、大方、大气，男人就是比女人乐于付出，敢于吃亏，不占便宜并且允许被占便宜。但事实是，男人主动勾引女人破坏家庭的同样存在；可以被称作bitch的男人也成群结队；男人并不一定就大度、大方、大气，更不代表乐于付出，肯吃亏，甚至有很多喜欢占便宜的男人，从来不会有人从他们那占到便宜。

女人对男人的评价，常常主观到，自家的男人都是一顶一全宇宙最棒的，或者别人家的男人都比自家的男人强百万倍。这其中添加了多少的水分，融进去多少意淫，最终，男人的缺点让自己痛苦难忍，男人的优点让自己得意不已，为何不能客观地认识男人，非得在臆想中体味跌宕起伏呢？大约是人生缺乏激情和趣味吧，只好为自己编造一出戏。

我在职场遇到的男人，个别几位，谋略心机手段品性之bitch，从来都不输给女人。他们从来不会对女同事客气，除非是愿意为其所用的女同事，他们利用起女人的弱点来得心应手。也正因为他们是男人，他们私底下脏起来，会被称作“谋略”。我曾经观摩过其中一位妻子的微博，其妻子自我炒作手法高超，在本城小有追捧者，携手几位闺蜜做代购，赚钱的间隙不忘调侃自家男人，在她的描述里，自家男人上进爱她能力卓越。自我描述是：保持难能可贵的善良。可其老公在工作中使尽手段挤压抢其他男人的妻子，我常常想问，各位身边的男人真的有那么好吗？还是，只不过是对你还不错？

女人喜欢，男人对所有其他女人最好都坏，只对自己一个好，真不怕这种男人有一天将矛头指向你，让你见识见识他的坏？女人对男人的要求，如此狭隘，真的好吗？一个男人如若品行端正，不会因为礼貌而被别的女人误解，也不会因为绅士而处处留情。当然，很多女人因为见过了太多男人太多的坏，所以见到一丁点好就扑上去，也可能因为，我们对两性关系的狭隘理解，最终的后果就由我们来承担。

男人也没有那么好。如果你因为得到好处，而觉得一个人好，那么你可以继续做你自己，做个可以从男领导和男同事那得到好处的女人。我认为，一个男人对一个女人的好，从来都不是哄、忍、让、听，而是发自内心的尊重，有尊重的爱分量才更重，无关男女，无关性别，我们首先是人，人与人之间的平等，一个人对另一个人的致敬。

男人也势利，不是你柔弱，他们就被激发出雄性激素而爱你，有那种可能，但你要那种爱吗？每日都要扮演一个娇弱的角色，林志玲演的小乔还能勇敢进曹营，而你呢，没有小乔的容貌气质内在性格，却想靠娇弱这一招吃定一个男人？你出色，男人才会爱你，和女人一样，男人爱貌美的，爱身材热辣的，爱知书达理的，爱性格温柔的，爱家世殷实的，爱能干能赚的，爱才华横溢的……你企图一无所有就被爱上，那大约爱上你的和你条件一样，或者，确实你的命运就是安排你遇到一位不计条件爱上你的。你认为哪个可能性更大？

男人也会嫉妒，你优秀，他们不见得会大男子主义，那些你优秀，还跑你面前耍威风找平衡的，大可以一脚蹬了。那些你优秀，就打算做闲云野鹤，游手好闲，毫无建树的，也一并给蹬了。男人的嫉妒，凶猛不输女人，女人嫉妒女人，生怕对方强过自己，使绊子让对方强不起来；男人嫉妒女人，即便在两性关系里，即便是同事关系，即便是恋人关系，也早早洞悉自己的地位是否确保，若他们在调整心态和对你的态度，你大可平常心，若他们以此为由，各种无理取闹无端行为，对，一脚蹬了他。嫉妒，没人安慰得了，因为多少东西都填不满人的嫉妒心。一个人，收拾好嫉妒，做人做事就不会太脏，也不会恶心到别人。

男人也会脆弱，不要嘲笑男人哭，甚至要鼓励他们哭，不要让他们在女人面前只做男人，他们和你一样，也长泪腺，也会动情。刘德华那首歌，蕴含着丰厚的心理学，男人哭吧哭吧不是罪。我特别害怕，打扰了男人的这一表达方式，怕他们觉得尴尬，怕他们以为女人不想看到这些。我听到有个男生说过，他和他母亲喜欢看偶像剧，两个人常边看边哭，我简直想手动给他点个大大的赞。比起吵架，比起冷战，比起把情绪的宣泄都压在关系之中，哭，难道不是给男人多一条发泄之路吗？女人可以哭，可以有生理期排毒，可以求男人安慰，可以和女人诉苦，男人呢？他们做什么都意味着失败，他们做什么都意味着不够男人，这些标准害了男人，也间接害了和男人一起生活的女人。

女人所想象的那些品质，全部倾注在男人身上，反倒对自身少了很多的要求。“你负责赚钱养家，我负责貌美如花”，有些女人负责不了貌美如花，也敢于要男人负责赚钱养家。人的精力有限，男人忙事业，再抽出时间想着如何爱你，你对男人的要求未免有些高，更何况，你打定主意被动不动，等着对方做到一切。男人不是工具，拆分不出那么多功能，你若不爱，不如就放手，去找钱可好？你所在的社会，培养不出你要的男人，也因为，你未被培养成配得上那样男人的女人。

从生理到心理，女人是有天生弱势的地方。生理期到来的那几日，生不如死，但请不要将这种内心的脆弱而生出的生不如死延续到生理期以外的时间里，更不要将其贯穿到男人的观念里。照顾是一定的，是应该的，但不可以苛求和强迫，请学会更好的方式，更科学的，对你和对方身心都健康的方式。而不是两个人在一起，最终搅进情绪的深渊而无法自拔。

男人，真的没那么好，当然也没那么坏。就如同女人，如果你是女人，你想一想，你是否也优缺点兼半？对另一个人，对另一半，对另一种性别，有更清晰的认知，砍掉脑海里过多的幻想，也放下心里存在的过高的要求，你平视一个人，总比你先仰视又俯视的心情会更好，因为你不会失望。

高中的时候，我又遇到一个喜欢欺负我的男生，我作为课代表在执行一些工作时，他总会公然唱反调。我可不是那种“情商高”的姑娘，即便有人洞察到并告诉我可能他喜欢我，我从头到尾的回应都是置之不理。不好意思，这样幼稚甚至变态，在我的理念里，堪称低级的表达方式，实在不值得我动用情商。如果他是真的讨厌我，那他一定是个低劣的男人，因为他既不温和又没礼貌，既不成熟也无魅力，并且疑似神经病；如果他是喜欢我，那么他活该错过，不是谁都要去理解变态的方式不是吗？“情商高”的姑娘们，我把这样的男人都留给你们。

当你认识到，男人其实和女人有相同之处时，不要失望，不要恐慌，不要茫然。这正是你摒除对男人身心依赖的最好时机。在这个世界里，谁都不可能成为你的救命稻草，但如果你本身内外兼修，你会吸引到更好的人，无论男人和女人，你值得遇见更好的人。

给男人解开枷锁，也是在给自己更多可能，更是为关系添加营养丰富的养料。

对我好的和我爱的

R回忆起她历任的男友，发现每一个一开始她都不喜欢，当对方开始追求她，开始示好，她才慢慢地喜欢对方。她总结说，也许因为她比较自私，她就希望找个对她好的。所以她一直在找对她更好的，却总遇不上那个完美的。

我不是这类女生。我想象不到，一个男人对一个女人好，是否就会从这个女人这里得到爱情。但很多女生，特别是条件略微优越的女生，大多这种方式择偶，那就是，对方对我有多好。

同事E闪婚，之前她苦追一个男人，对方可以被称作小高小富小帅，她去韩国也惦记着给他买礼物，但结果对方对她情浅意薄，她渐渐心灰意冷，转投追求者怀抱，之前嫌弃的备胎最终荣升老公，并且频频大秀恩爱，似乎之前对对方的不满都消散了，仿佛真爱降临的节奏。

也许我们的社会真的不适合爱情的发生。也许因为“我们”，所以爱情也很难发生。女人们喜欢待价而沽，男人们在追求期极尽所能，关系进入下一阶段开始怨声载道，“你不够爱我”成了彼此讨伐对方的金句。

我也曾经在感情中计算得失，特别是关于谁爱谁多一点，但我从未因为多爱别人而心生怨念，因为这是自己的选择，自己喜欢的人，自己愿意爱，自己心甘情愿付出。我只是会在感受不到对方回应的时候，多一份思考，为什么，是对方不够喜欢我，还是我们性格不合？当我终于明白，其实我们之间的关系，很多都源于表达爱的方式的不同和匮乏，我谁也不怪了。

我身边的女性朋友，漂亮上进，她们人人都希望被爱，被照顾，被值得更好地对待。这没什么错，在这样一个物欲横流的社会，过得好就意味着要拥有更多，所以找一个能给予更多的男人有什么错呢？现实不允许她们肆无忌惮地追求爱情，或者爱情原本就不是随便就能得到的。

但我仍旧希望她们去选择“我爱的”，因为只有那样，她们才会觉得满足。“对我好的”，也许永远不会让她们满足。而且事实证明，确实难以满足。更好的标准不断更新，你坐上宝马还想着兰博基尼，你住着300平方米的房子还想着别墅，你买了几万元的包还念着几十万元的包，你觉得这个人对你好还发现另一个人有这个人没有的好。你说你要求没那么高，但你心里因为比较越来越难满足。你说我容易满足，其实你只要见过了更好的就不再觉得身边的这个好。

鉴于男性一直以来的社会地位，他们只需要达到赚钱这一条标准就可以了，其他方面都可以忽略不计，所以当现代社会女人们要求他们既帅又高要富有品，这让他们徒增无力感，他们代代被养育成饭来张口衣来伸手的少爷，并且现在的80后以后的男性，个个都娇贵赛女生。他们的基础太差，后天又因为各种自身和外在原因无法弥补，他们又习惯专注于自己感兴趣的事情上，并不追求完美，所以他们一直在生活方面落后于女性。

中国女性在自我修整上的功力堪称天才，或者全世界的女性都如此，我见过最不修边幅的女性是德国人，日本女性在这方面的能力似乎更赛中国女性。个个拿模特的标准要求自己，不是“维秘”的模特，也要是淘宝的模特，不是肤白如雪，也要争取更白，不是魔鬼身材，也要瘦是王道。你都不知道她们在取悦谁，像是取悦男人，但男人并没有说他们喜欢这些，都是女人在琢磨男人喜欢什么，然后个别女人定了一个标准，其他女人趋之若鹜。要说最蠢的还是男人，脑子都不转一下，也就接受了这些标准。以你看到体育明星的妻子，似乎也该了解直男大众的审美。那些姑娘，不仅是男人喜欢的，也是女人想成为的，或者，一切都是因果循环，人人的想法都在其中起了助力。

好莱坞女星各有各的美，平胸的也有发展，胸大的也能一线，而我们的明星，越来越像，像多胞胎，不同的可能就是名气的不同。我们习惯只给这个社会定一种标准，然后全部涌向其中，其实高考结束了，新的高考一直在社会里等着我们。

女人要找“对我好的”，男人要找“我爱的”，当然也有男人找“对我好的”，女人找“我爱的”，大家拼凑在一块，告诉自己这就是爱情。这是爱情吗？我有时候都不知道了。爱情是人与人之间强烈的依恋、亲近、向往，以及无私专一并且无所不尽其心的情感。你不想强烈地依恋、亲近、向往对方，你希望对方不断地“勾搭”出强烈的情感，你又不是鱼，要鱼饵不断地吊你胃口。想想我都觉得累，单方面被动地等待着被爱的姿态，你认为矜持高贵，我却觉得和物品没两样。只不过物品比你要厚道，付账归主人，而你一边享受着对方的付出，一边算计着自己的爱情，给还是不给，你如此算计，得到的爱情终将不如你心意。最最伤害对方的是，你如果一开始就懂得拒绝，对方可以省下追求你的时间，去找到和自己相互吸引的那个人。

也许爱情不过是一个市场，有人卖就有人买，以物换物，以心换心，所以大家习以为常，无非就是谁先付出谁后得到。男人也许喜欢这样追逐的游戏，那些选“对我好的”也深知男人的劣性，容易得到的不珍惜，所以不妨增加难度吊足对方胃口。

我多希望，人人都找自己爱的，自己爱的恰好也爱着自己。不爱就及时离开，相爱就好好恋爱。谁都不去刻意地制造障碍，原本人与人之间的障碍就足够多了不是吗？

谁生来也不是为了空爱谁一场，不是谁都渴望被爱，有人只不过想用爱吸引到爱。

强恋人，弱恋人

我一直想A喜欢我的原因，她有很多朋友，满足她各种需求，吃喝玩乐逛街代购，她想去哪都不带男人，在群里喊一声就一定有伴儿。我朋友不多，她是为数不多的长久的一个，我俩几乎什么都能聊，什么都聊过，不尴尬，也没觉得因此把对方放进“特别好特别好”的分组里，一切正常，只不过我对于她来说，也许和其他朋友有些不同，功能也比较特殊吧。比如她可以和我聊些别人没法继续的话题。

A说，她第一次看到男友脆弱的一面，内心很恐惧。我表示理解，并且表扬她，她没有鄙视对方简直太好了。很多人，看到别人的脆弱就有鄙视的心理，更通俗点说是嫌弃，心底会发出：他怎么这样啊，这么没出息，这么没前途，这么不值得爱，这么不堪一击。而且好笑的是，往往这样想的人，都是恋爱中的以弱势姿态出现的人，姑且称作“弱恋人”吧。他们总是一副自己需要被照顾、被安慰、被呵护的姿态，摆低姿态，求人怜爱。

例子举得不恰当或者不周密，请不要纠结在例子上。N就是弱恋人，她真的弱，年幼失去父亲，母亲再嫁，继父对她没有不好但也不会多好，原本骄傲若千金，成年后心中苦闷，她和男友的最初，就哭诉了自己这悲惨的人生，男友因此怜爱不已，两人关系突飞猛进，半年内成婚。还有一些不是真的弱，是喜欢弱，习惯弱的，大概有人会认为那是温柔，甚至是一种善良，在我看来，全然不是。扮猪吃老虎，这招的狠毒在于，扮猪的那个人，很容易伤及无辜，也许他人并没有真正伤害他们，但是因为他们利用弱势引起人们的同情心，中国人喜好抑强扶弱，这类人正是清楚地懂得这一点并利用这一点。利用人性的人，怎么可能和善良沾边？

R微胖，不美，自诩老公高大威猛，再夸自己体贴细微，对同事亦如此，如果其中有人待她不似她想要那般，她不会正面应对解决，她习惯私底下送大家吃的，请大家吃饭，然后诉说自己的委屈，会说那个人怎么这样对我我对她那样好，别人接了她的恩惠自然替她出头。他老公自是认为自己妻子柔弱善良，需要保护，谁在办公室惹她不开心，他下班后就冲过来替她出头。一次，她和一个同事一同外出工作，一路喊累，同事也累，不明白她喊累是什么意思，只是安慰几句。后来从其他同事那得知，R喊累，是想要同事帮忙拿东西减轻她负重，都是女人，谁也不比谁力气大，更何况求人帮助直说即可，一路抱怨是打算让别人像下人对待主子般察言观色吗？R与老公的相处模式就是如此，她说她老公离不开她，从订机票到订饭店，家务琐事，吃喝拉撒，她是他的家庭秘书。她总是一副任劳任怨的样子，告诉我们之所以她和这样的男人匹配，是因为她有多好付出。她从不发火，但她只要跑到别人那数算自己的辛劳，就有人替她讨伐“罪人”。

弱恋人，大抵如此。把自己塑造成柔弱可欺的样子，在爱情中不需要进步，只需要不间断地扮演童养媳或马夫的角色。他们不见得愿意做这些，但除此以外，他们做不了别的，你让他们与恋人齐头并进比翼双飞，他们做不到，他们也不打算做，他们找到一个强恋人就是他们人生最大的骄傲和成就，能让强恋人陷入他们的“软弱陷阱”而不能自拔，就足以耗费他们所有精力了。

这种方式的获得自然不满足，不满意，不舒坦，不顺心。心中总有怨念，需要别人替他们平复。他们认为自己什么都为对方做了，什么都忍了，什么都牺牲自己以对方为重，什么都付出了，剩下的就该等着对方回报了。他们把全部身心都用在对方身上，再把全身心扔给别人，但凡自己情绪哪一点不顺，都得对方立刻嘘寒问暖到位照顾上心关注。那些以为找到可以照顾自己无怨无悔恋人的强恋人，殊不知，弱恋人不过是把大招攒到后面，前期的付出是抛砖引玉，迟早榨干他们后半辈子的人生。

弱恋人并不弱，弱恋人只是喜欢在各种关系中依赖他人。他们认为这是生存技巧，甚至做人必要的精明，以隐藏起自己，赢取他人能给予他们更多好处。中国女人很喜欢做弱恋人，自己柔弱地坐在那里，从最开始等待别人主动，恋爱成本低，把自身性别当作最大的砝码，对方足够强了，就把身体奉上。中国男人，也有喜欢做弱恋人的，对家中一切放任不管，有强恋人喜欢拿主意操持掌控，他们无非只要接受被管，就可以省去很多时间精力，这大概和中国母亲对男孩更为偏爱的缘故，男人自小什么不需要做，婚后什么都不用做，也不会做。

弱恋人也许并不会一直沉浸在这种形象中，因为人怎么可能一生都扮演得分毫不差。他们厌了倦了烦了够了，就会本性暴露，到时恋人会大为吃惊，但为时已晚，彼此相处的模式已固定，感情一旦成为习惯，就再难戒了。

我不欣赏弱恋人，但不代表强恋人就是完美的。

强恋人有的真的强，他们自幼身心健康成长，对自身有着极好的认识和把控，情绪稳定，态度端正，做任何事情分寸得体。会带给你绝对的影响，感染你，吸引你。但是，不要因此认为强恋人无懈可击，可以肆意地依仗强恋人，独立自我的人，更多地喜欢同样的人，你若太过依附他人，不断地宣泄情绪，需要他不断地为你处理你挑起的争端，你的那些小怨念不满足，长久积累下来，他便会逃离你。你不能说他不够强，因为当他独自一人的时候可以很好地面对一切，而你的加入是麻烦添加式，原本他只需要处理他自己的各种心理活动，如今因为爱上你还要处理你的，他再强也不是心理医生，更何况他找你，也并不想给你当心理医生。并且你不仅要求他是心理医生，耐心排解你的烦忧，你对他比对心理医生更肆无忌惮，不是一个病人该有的姿态。强恋人离开你，是嫌弃你，更因为不值得把他们拖入苦海。你就如同小倩，爱上你，要和那么多鬼斗，只有宁采臣那么蠢直才会愿意陪你玩掉一生。

强恋人也有装作强的，从恋爱初始就一副打败全宇宙的气魄，让你以为他足以依赖，在你面前他们从不说疼从不抱怨没有烦恼永远乐观。他们给人的印象和感觉非常强，如果你不够体察，会以为他们是真的强。即便是真强，也有负面情绪爆表的时候，你不能要求别人永远积极乐观坚强善调节，而你对自己毫无要求以上统统做不到，并且说我本来就这样啊，我就是这样弱啊，我就是不如你啊。装强恋人，遇到你这样的，最容易在别人身上寻求在你身上缺失的，没办法，独自难以承受，和你不能分担，只能从别人那里得来安慰。A的情况有些特殊，是她将男友想象得过于强大，未想到遭遇一些事情后，男友表现出她之前未见过和不理解的一面，她害怕，是因为她没想过有一天需要她支撑他安慰他，她没做这个心理准备，她不是弱恋人，她也不以为男友是强恋人，但她没想过也没见过男人弱的一面，在她对这个世界的理解里，男人的姿态都是强的，特别是恋人。我赞她恐惧得好，是因为她没想过逃，而是自省之后，决定调整自己，更好地与男友相处。

我们首先就不该把自身设定为强恋人或弱恋人，特别是弱恋人这种设定，极为自私。我曾经以为我的一位老师的心理承受能力远远超过我，所以习惯和她倾诉应试教育的痛楚，你认为对方强，所以就依赖对方，以至于对方都不敢把他们脆弱的一面真实地表现给你看，你要求对方像妈妈，并且一直像妈妈。这几乎不可能。没有谁能长久地定位在一个角色身份上，并且只做到那个身份美好的一面。或者，原本就没有这样偏激的事实存在。我们都不完美。

你会说，有些人喜欢做强恋人，尤其是男人，特别喜欢看到女人柔弱。还有一些女人，也喜欢做强恋人，特别喜欢做奶妈。当你以软弱的姿态祈求她们给予照顾、帮助、疼爱的时候，她们从不让你失望。但这样就是好的恋人吗？这样就是好的恋爱模式吗？

爱情必须发生在平等均衡的关系之中，那之外的条件下孕育的无非是夹杂着各种匮乏心理的关系。人要在一定的时候脱离父母，要在一定的时候完成自我独立，这些都没能完成，就催熟长大，茫然跟风进入另一种关系，这种关系难度要比以往的更复杂。

我们不能保证任何事情，我们小心翼翼地活，胆战心惊地处理关系，在关系里翻滚煎熬，不如先想想，自己的认识和理解是否不足够接近人性，以人为本，不是就以你为本，以你舒服为前提，而是在这段关系里，两个人都舒服。一开始的舒服可能是假象，之后的长久的契合则需要两个人不断磨合、挣扎和升华。这些过程想做得漂亮体面，前提就是摘掉标签，给自己和给对方贴的各色标签。

A说，她突然觉得，自己也必须强起来，足以在男友需要的时候借他肩膀靠靠。方式可以学习，观念必须靠自己去整理。我不想做个娃娃音或者软声柔语的女朋友，那不是我，我想听到我平稳坚定的声音，我们可以彼此撒娇，但我们不需要时时刻刻撒娇。最本真的我和你，最稳定的我们的关系，无需谁强谁弱，相伴，不就是我扶着你你扶着我，我拼命跑你就在身侧吗？我们不需要怜悯对方，我们要同强，然后在彼此弱的时候更相爱。

如果爱，别深爱

C有深爱强迫症，每一段感情她都深入地投入，忘乎所以地爱，时常爱到最后爱人跑了，留她独自深爱。我不是心理学家，我不舍得剖析她，她自己对自己下嘴也挺狠，回回骂自己傻子白痴缺心眼，下一次还是一样。只能庆幸她不是永远强迫症，她没要爱一个人爱到天老地荒，她还能换着爱。

男人是一种极其奇怪又让人气恼的生物。即便我有时候会站在他们的角度想，但我其实也深深地觉得，有些姑娘心甘情愿成为绿茶，是因为确实没办法，不做绿茶难以得男人心。像C这种爱得生猛的，情变的过程都察觉不到，直到对方扔一句“分手吧”，方如雷劈般，顿时石化。继而时而疯癫，时而忧伤，我没法教会她去识别男人，因为我也不会，倒不是不会，而是心中期待给爱情无限惊喜，与其条条框框做要求，不如一眼千年的相遇。我也没法教她恋爱的方式，谁沉浸在爱情中顾得了方式，都随着荷尔蒙起伏。她说得没错，是挺像傻子的，不像傻子怎么可能爱到整日谁都不理，只围着对方转，到分手了才想起朋友，哭丧着一张脸见你。别担心，我有感情顺畅的朋友，只不过顺畅有什么可写的，而且谁的感情一直顺畅？

如果爱，别深爱。虽然我也有深爱强迫症，我猜你也有。但是我们都要控制。喜欢是放肆，克制是爱。这句话我们可以理解成，放肆就得不到爱，只能得到喜欢，只有克制才能得到爱。爱情像狩猎，随心所欲毫无谋略，不仅抓不到猎物，还会被猎物伤了，不仅如此，猎物还可能被伤了，恨死你。能从深爱中跳出来，在某个午夜梦回，清醒地告诉自己差不多该收了的人，该是多么牛的人物啊。可惜，我们不是。我知道。我们就是一群为爱痴狂的女人，用自以为懂的爱的方式去放肆地爱对方，对方完全没接收到，所以最后，宣布game over。留下你，恍然大悟，原来过去那些以为爱的时刻，都是假的啊，或者都是对方演的，你来真的，他勉强配戏。为何演技那么高超，都未让你发觉。因为不够深爱，还未痴迷，几分清醒，冷眼看情。

如果爱，别深爱。这真的不是亵渎爱情，而是保护自己。在爱里闯荡，还不如在江湖里闯荡，江湖有恶人也有侠义之人，情场里坏人都是隐性的，不轻易暴露，而且只因为你而暴露，那么你还要背上一个罪名——你不够好，他才足够坏。要么说，事业永远不负你，工作给你钱，爱情能给你什么，给得了的固然舒心，给不了的还毁了你的心，一刀切一块，疼得要命，也不能杀了下手的人，因为谁叫你当初心甘情愿，谁叫你备好了心奉上去叫人伤。收放自如的都无情，但姿态好看，转身还能在转角遇到备胎。只放不收的都深情，放那会儿姿态夺目，收不住时姿态那个凄凄惨惨戚戚哎，备胎都因为你画爱为牢而躲得远远的。突然想起刘墉的一本书名叫《我不是教你诈》。强烈建议儿童教育就开始教授爱情相关的课程，以目前社会的诸多情感问题来看，早教必须开始，长大全是祸患啊。

如果爱，别深爱。留点给你自己，也区分好自私和爱自己。不是你和对方来硬的，就叫你爱自己，你和对方无限索求，就叫你爱自己，你不顾及对方的感受，就叫爱你自己。这一边都叫作“盲爱”，盲目地以为爱情是这样子的，剧本台词自己开始演起来，对方完全无法入戏。你可以说，对方不配合、不忍让、不主动是不够爱你，可怎么办呢，你深爱对方，你倒是睁大眼珠子好好选个角色啊，别跟《何以笙箫默》里的面瘫君似的，无论电影和电视剧都挑不合适的来啊。你怨不得别人，因为别人才不会让你怨。苦痛伤害都是你一个人的，在心肝肺里煎熬，还有胃，全幻化成毒药，流在你的血液里，还得花时间清洗。残留一点都偶尔阵痛，潜伏期还长，你也不知道什么时候跳出来，扎你一下。

如果爱，别深爱。爱自己很难，比深爱一个人难多了。特别是当你遭遇不被爱的时候，就只有爱自己能拯救你。按时吃饭，吃好，按时睡觉，睡好。你可能会常常哭，哭出来是好事，但哭多了也不好，具体伤哪忘了，反正伤。你还得恨，恨得浑身发抖，死咬牙关，谁说心痛是精神上的，心痛明明是生理上的，哪都不舒服，不是身体不舒服，就是精神不舒服，不是憋屈得身体病了，就是得精神病。倘若对方爱你还好，你的深爱还有价值，不是一场空欢喜，对方如若不爱你，你这番爱傻兮兮，还得怨自己。最终和自己的和解最难，可以不怪那人了，可以不怪那情了，怪自己瞎蠢笨，哪怕聪明那么一丢丢，也好歹能发现对方不爱你的迹象，不必跳进深坑里，灰头土脸地爬出来。

如果爱，别深爱。人心难测，变化无常。说不爱就不爱，说早就不爱了的忍了那么久陪演那么久，你一头栽进去，他踏着你脊梁跳出来。你找谁要债去？你守得住你的心，守得住你自己的生活，倒不见得能留住他，但总归在他离开时，你的价值远高于他。你说爱怎么能这么衡量和计较？你以为我愿意是吗？你以为我愿意在这写这些情啊爱的企图教唆谁吗？我更能体会到痛，我只不过擅长写痛，我只是想啊，能安慰一些傻子。傻子原本不傻，只不过遇到了不珍惜他们的人，他们也就显得傻了。突然很想多关注研究科学，情伤的痛和筋骨肉身的痛，到底哪个痛。哦，还有，那些舍得让别人痛的人，到底是哪条神经天生有问题，又会从哪里观察得到？

如果爱，别深爱。不是你不配爱情，是爱情大概就不是人人都能爱得起的东西。一爱不好，赔进去半条魂。如果是特效，就仿佛一半的灵魂被抽空，剩下的一半控制个摇摇晃晃的身体，不足以应对生活。何况，你还有生活，你还得继续活，痛得要死，也得挺着，挺不住，就倒下，倒下就更难受。简直是潘多拉盒子摆成了多米诺骨牌，祸不单行，恶性循环。深爱一场，又不会胜造七级浮屠，救人一命倒是可以。你记得，自己也是一条人命，火辣辣么么哒的一条小命。你不如救自己。就算自私吧，也分容易被人看出来的，和不容易被发觉的。你得学会后者，比如不深爱，就自私，更爱自己，就自私，千万不要奉上整个人心，奉献一般都等于祭奠。

如果爱，别深爱。别图痛快，别图爽快，别以为自己是金刚不坏之身，别以为自己是宇宙无敌恋爱最大美少女。这世界不缺你这么个角色，你看，多少姑娘鄙视锥子脸，一边还做了锥子脸，多少姑娘谩骂“绿茶婊”，一边修炼成绿茶，多少姑娘讨厌心机，一边还搜着勾男心机大法。你可以不学，但你得知道，男人也有bitch，你得防。别说什么真爱不应该这样，谁规定的啊，再说你验证了吗，是去吉尼斯了还是诺贝尔了，颁奖了吗，就认定自己这份是真爱，演对手戏那位都没承认呢！你自己太投入，也是一台烂戏，你演得太过，观众也会觉得用力过猛看着心力交瘁。防人之心不可无，并且对方可能一早就窝藏害你之心。

如果爱，别深爱。你说那么怕就别爱了，爱怎么可能不受伤。你缺心眼啊，不能教会自己预防吗？非得出问题治疗，不懂得提前保养。何苦遭罪？人生就够苦短的了。你要是真那么想，我也不拦着你，我敬你是只猫，祝你有九条命，够你折腾。其实我真不想拦着你，我也想爱得跟礼花似的，光彩绽放，可你看，这世间万物就是没有完美，绽放虽美却短暂易逝。我终于懂得了顺其自然真正的意义，可惜还

突然有一日表姐问我移动朋友可否帮忙查通话记录，不用问就知道不可以。我只好问，Z知道男友密码吗，登陆后，发现男友每天密集地和一个号码通电话，早上7点必早安call，晚上10点必一小时以上长谈。其实不用我分析，任谁都看得出来，这号码的主人和他男友关系匪浅，但Z仍旧重复男友的解释：这是他的领导而已。她在KTV里哭，打电话叫他去，他也陪着哭，除此之外没有任何表示。两人正式分手不到半年，男友结婚。Z彼时已经考上公务员，她男友还算仁义，在她考完之后才提分手。

一个男人是否被认为是渣男，一部分取决于相处时的表现，还有一部分一定和分手的方式有关。女人同理。

J的经历我不清楚有多少人有过相似的？对方的做法几乎是我最无法忍受的，除非你真的有难言之隐，比如病重要死。不然，你有什么理由，将我一人放在空旷的感情的末端，独自去承担分手的痛苦？甚至，你连句台词都没有。曾有其他人追问J，是否对方已经劈腿，但据她的探报，除非第三者太隐秘，总之未曾发现端倪。只是这样一种决然的甚至带着漠然的，比报复还绝的方式，似乎也未比出现第三者好到哪里去？

爱情是两个人的事，相处是两个人的事，分手也是两个人的事。我们可不可以好好分手？

你能不能在我们分手之前忍一忍，无论你爱上谁都先忍一忍，让我们干净地分手，你甚至可以告诉我，你爱上了谁，没有办法再爱我，你不能因为害怕我会拒绝而不去这样做，你不能因为怕我会阻拦而去和她提前开始，一切要等我们的感情了断以后。我们的分手需要一个仪式，我能保证的是，我绝对不会亵渎仪式，但你同样要尊重我，尊重这份仪式。这份仪式，也许只不过是一次前所未有的深谈，我们情绪也许会难以自控，难免有让对方痛心的词汇，但我们要度过这个仪式，完成它，就像我们在一起的纪念日，让这段爱情完整，让这段感情归入它的应有的结尾。

我最怕你一言不发，突然消失。比第三者更可怕的是，你将我们变成你和我。没有第三者，但我和你不再是我们，你是你，我是我，你生硬地斩断我们之间的关系，给我一道晴天霹雳。我一直以为我们之间的小矛盾，也终将成为我们的小确幸。而你用冷漠逃离的方式告诉我，一切不过是我的幻想。我不能理解你，也无法理解你，除非你说，除非你给出解释。不然，你就是在报复我，这样的报复太恶毒。就好像你不会痛，而我必将痛不欲生。就好像一早就预谋了一切，只等着有一天悄然实施，而这时候你已经脱离了我们，而我还沉浸在“我们”这段关系中。你的意外离开，将我衬托成一个傻子，不明就里，满心冤屈，为什么，为什么非要这样对我？为什么我们不能好好分手，哪怕你托人转达一个理由，抚慰我的慌乱不堪。我有权知道不是吗？我有权知道，你对感情的决定。你明明可以有更好的方式，但你却选择了最伤害我的一种方式。

你被女友抛弃，想起我，因为你深知我喜欢你多年，我并不想趁人之危，但你脆弱之际，需要我。我终于如愿以偿，我以为你终于开始爱我，渐渐地，你的情伤慢慢恢复，你清醒过来，你并不爱我，你将我推到一边，向你前女友那般对你，你转投他人怀抱，再告诉我：你从来没有喜欢过我。为什么，要制造这样的分手？为什么在一开始不守住自己的心，为什么不坦白让我作为朋友陪伴你，为什么非要赠我必然的一次分手经历？为什么你不肯坦诚你之前的错误选择，不敢面对我，就这样将我丢弃，像一块毯子，冷了的时候想起来盖盖，暖了再丢掉。为什么你都不肯给我们一个坦诚的机会，让我们聊一聊错误的开始，聊一聊彼此的误会和心结，然后我们各自前行，大踏步不回头。

人性是复杂的，但人性也需要克制。每一段感情都应该好好分手，因为这样才能不将伤痛留到下一段感情中。

我们在分手后，再遇到一个人，不该用他来疗伤，而是去爱。所以，在下一段感情开始之前，好好地分手。如果，你的伴侣不能和你拥有一个分手的美好仪式，那么，也请你，自己赠自己一个分手仪式。给自己时间，用自己的力量度过这段分手后的日子，待一切风平浪静后，你一定会脱胎换骨，成为一个更好的更值得爱的人。

我们好好地分手，和过去挥别，和一段感情告别，我们即便在相爱的时候没能懂得如何抚慰对方，但分手的时候，我们似乎终于可以放下过往的偏见和积压的不甘，试着去抚慰对方。不要去痴缠离开你的人，除非你有把握他一定会回来，也不要后悔自己离开的选择，但请尽可能在最后分别时留下你的善意和诚意。

我们大概就是不能好好分手，痴男怨女，三角关系，诱惑不断，冲突频发。曾经相爱的是我们，最终厮杀对方内心的也是我们，我们一定要虎头蛇尾，开始乐不可支结束愁云惨淡。提分手的，似乎都希望痛击对方，好像真有什么仇什么怨；被分手的，永远都粘起碎成渣的心，要么捅向下一任，要么支离破碎地面对下一任，直到愈合之日遇到一个人，惊叹对方是真爱。未曾想，对方只是答卷，前面的都是复习。

好好分手，这似乎很难做到，理想本来就难实现，理想中的关系更需要每个人的努力。别人不会给予你的，你妄想等待着，等待着遇到一个这样对你的人，不如，你先做这样的人。

如果你认为，只有玩转在多重关系中的感情才叫酷炫才叫刺激的话，就当没看过这篇文章。你可能在受伤的时候，从来没想起过伤害他人的时候。我不迷信，但世间奇妙，轮回似有似无。就连我开头例子中的J，她曾经因母亲干涉辜负了一段姻缘，对方倒不值得她留恋和忏悔，男方在与她分手后就结婚，大约身边早备好了一个随时可以结婚的人。人的贪婪和无耻就在于，既想又想，你把感情调制得这样不干净，你配得上的只是调情，算不上爱情。

我们可不可以好好分手，从什么时候起，到什么时候结束，这期间我们如何去帮助对方面对分手，一直都是我们两个人的事，最后的最后也请陪我一起。大概，彼此经历这番，再见成为朋友也坦荡而非藕断丝连，这是一个整理各自内心的好时段。

我们好好地分手，我们不要砸碎对方的心，再将对方抛弃。我们不做爱情里的恶人，如果对方是爱情里的恶人，那更不值得你做任何动作，你只需要像躲瘟疫一样躲得远远的，给自己时间去好好分手。然后，张开怀抱迎接下一个爱人。

给分手方式更多种可能。给自己，更深刻的认知。我们也许就可以好好分手了。

p.s.文中的人称可转换，其中“你”“我”增强代入感，性别也可以可互换。她代表女的，他代表男的，但有些段落的“他”男女都有所指，一直以来的习惯用法。那些有事没事喜欢“读文算作者命的”，广场摆摊去好吗。一向尖酸刻薄，只对好人礼貌，非善勿扰，玻璃心保持距离。

别拿爱情伤害爱情

和E聊了一个下午，边喝茶边尿尿，不知不觉，三水壶的水下肚了。聊感情，聊人生，全是经典的句子，可哪一句写出来都俗，都没劲。E从来不用心谈恋爱，女友几十个，处到最后都散去。他是典型的悲观主义者，看问题永远是透彻到负面满满，但比我强在，具备了强大的自愈能力，天大的事都往乐观处看。他讲他身边那些感情，多少的虚伪，多少的肮脏，多少的不顺，多少的纠结，一会儿我觉得安慰，一会儿我觉得还是难以承受，我这么单纯的心灵，在他面前显得非常愚蠢。

他说，人活着就这么回事，他现在就是为父母活着，以后要是有孩子就为孩子活着，如果父母不在了，活着没什么意思，好好地活着出息地活着不就是为了他们开心吗？结婚为了什么，结婚就是为了有个孩子，有多少爱情在，没爱情才正常，婚姻不就是负责任吗？他不结婚的原因，就是还没做好负责任的准备，他觉得一个人最好，想干吗干吗，想恋爱就找个人恋着，他从不劈腿，他结束一段感情就干净利落，然后再到下一个，也因为他不用心，所以也不伤心，但花出去的钱还是心疼的。所以最后他说，还是有钱好，挣钱吧。

刚说完这话，又开始说，有钱没钱其实都一样，这世上谁活着快乐，都难。我说你刚刚逛淘宝的时候不挺快乐的吗？他说，不也就这么一会儿，看好个紫砂壶一万，还没钱买，就逛逛图个乐呵，人生就是经历，什么事遇上了就想解决办法，别浪费时间纠结，听天命。其实他不迷信，绝对不算命，总的来说，在我看来，他是个复杂的人，像他说的人有很多面，他转换得很好，心再灰意再冷还是找乐子活着。

如果男人都像他想得这么清楚，是不是爱情里就没那么多麻烦。不过他说，女人也有不消停的，不分男女，社会浮躁，人生处处都是坎。有的人聊感情，是还爱着，有的人聊感情，却已经不爱。爱情这个词，突然变得无比狰狞。我第一次发觉它的不美好，原来它可以成为凶残的利器，去戳伤任何还在爱的人。

不爱多正常，谁规定爱情一直在，谁规定人一生必须要沉浸在爱情中？感情是流动的，是变化的，所以才衍生出恋爱的各个阶段直到婚姻。婚姻就更复杂了，责任、亲情、家庭、父母、孩子，说不爱了就不爱了，不检讨自己的问题，推脱给爱情，婚姻是爱情的延续、升华和稳固。恋爱的时候是激情、新鲜，对人生的美好期待。你不去延续、升华和稳固，频频地想着要爱情，理直气壮地要爱情，爱情突然就成了可耻的象征，你看多少人用它来毁了别人的人生。

这个真相让人不寒而栗，原来爱情可以被用来这样伤人。多么义正词严，多么振振有词，不爱了，没有爱情了，我都不知道如何反驳，多少人喊着追着爱情，我却在其中喊着爱是恒久远，爱该坚持，不爱多正常，何必分手呢，感觉下一秒就会被“爱情狂徒们”棒炖。都说出轨的男人智商低，出轨的女人大概也是，因为他们从来不会像E一样，去思考思考，哪怕想一想，他们总是所谓的follow my heart，肆意地伤害着别人，挥一挥衣袖，没有一点良心，其实还真是怂，不放手的人固然自私，但放弃爱的人是多么的不懂爱和人生，愚昧的自私比自私还可怕。爱情原来可以是脏的、丑陋的、残忍的，爱情对有些人来说还真不是个好东西。

我们总被教化离开谁都活得了，没有谁都会活得开心，下一个会更好，失去的都是不好的。真的吗，愚蠢的人啊，哪一段感情不经历这些？我不否认有更合适的人，但这次的更合适，不都是因着过去的经验总结吗，为什么不用在那个人身上，非要换个人？因为爱情，看，这答案真的超级万能。让人说不出任何话语。我们大概活在了一个不配有爱情的时代。我甚至会想，如果没有永久和专一，爱情还叫爱情吗？原来爱情早就被定义为激情，人人拿激情当爱情，乐此不疲地伤害着坚守爱情的人。

又或者，谈爱情就是错的。抵不过多学些技巧。曾经不主张技巧，可如今，却不得不承认，当你面对的人，如果都是上述非E这样的想法，那么技巧起码可以保住你想要的关系。但同样不能保证有一天，会有人和你说，我不爱了，我们之间没有爱情了。

曾经认为《消失的爱人》的女主角艾米太变态了，她竟然为了留住丈夫，使尽阴谋，甚至让我觉得她丈夫出轨都情有可原。原来是因为我偏向了，我偏向了人性，却忘记偏向了女人的天性。我知道，同样有男人经历不被爱的苦痛，但很抱歉，因为我是女人，我只能体会到女人的痛苦，就当，我这些文字，也是替你们说的吧。艾米的做法是自私，荒凉无奈的自私，可恨又可怜，原来弱者无论再强，都强不过无情。

如果要给爱情再加些形容，希望是两情相悦，如果要给婚姻再加些形容，希望是责任大于爱。只要两个人都在，一切就还可以解决。虽然这话被E否定了，不止E，还有很多过来人，都和我说过无比真切又真实的话。可我还是想执拗一下，让我在还可以天真的时候，把天真写光。我仍希望人们，可以用各种方式去惩罚你的恋人，但唯独不要轻易用放弃来惩罚你的爱人。

你可以看得见我的愚蠢，但你不可以伤我的心。我们可以吵架，可以任性，可以冷战，可以提分手，可以说不爱了，但我们也可以改变，可以沟通，可以坚持，可以重新爱，可以接着爱。就是，别拿爱情伤害爱情。

习惯打败爱情

可能比较偏爱捕捉一些规律，比如我觉得养女儿的妈妈做饭比养儿子的妈妈做饭更好吃。再比如，不管是亲生兄弟姐妹，还是表兄弟姐妹，家中老大一定是最沉稳靠谱懂规矩的那个。而且我还发现，和姥姥家同一小区的一家女人，妈妈带着三个女儿，都离婚了，一家子全是女人。

居委会大妈们也爱捕捉一些规律，比如老鼠的孩子会打洞，离过婚的人的女儿也离婚。言辞中一股子尖酸刻薄，我认为这样才叫尖酸刻薄，根本不懂人家的痛，也不是真分析，就是拿别人的事茶余饭后，唏嘘中都透着幸灾乐祸。我们总习惯责难已经在承受灾难的人，而放任制造灾难的人，这样好吗？

我倒是想过为什么，但那时候还小，哪里想得透。那一家人，颇具文艺气质，三个女儿长相相仿，不十分美丽，也不洋气，黑色长发，厚实刘海，戴一副黑框眼镜，有点旧上海复古范儿。

还有一些巧合，比如妈妈丈夫早逝，女儿丈夫也早逝。妈妈和爸爸吵架，成年后，女儿结婚了也和丈夫吵。还有爸爸爱以发火的姿态对待妈妈，儿子成家了也这么对待妻子。甚至，你会发现，你后来在婚姻中的一些行为方式，和自己父母的并无两样。我不清楚，到了80后、90后，这种“继承”的程度有多少，我上面说的，大多是祖父母辈和父母那辈人的例子。

从身边朋友那也发现一些规律，比如父母家中母亲掌管大权、父亲服从执行的，如果是女孩，成长过程中即便被教育得温柔、小鸟依人，和恋人的相处模式最终也可能变成和父母的一样，她强势并要求对方服从；如果是男孩，则可能变成甩手掌柜，什么也不参与，也不操心，只是成为一个工具，能做的就是哄好妻子。

看《裸婚时代》的时候，刘易阳说“细节打败爱情”，我就没懂。当时听到真的是一团迷雾，什么意思，怎么理解。可能因为我不是特爱看这类电视剧，所以也没去深究，确切地说从中也得不到什么启发。我不喜欢国内此类电视剧中女方的恃宠而傲，太过。我不是个男人，我是个人，我都有些看不下去。这都哪学来的毛病，自以为是公主、女王、女皇，要的不过是太监式的逢迎讨好办事利落，因为财也能性也能。

近些年，网络一片开化。个别女性认为自己觉醒了，就如同邪教一般宣扬一些观点，比如女人要享受爱情享受性。然后女人都放开了，回家跟老公各种要要要。前同事，男，频频吐槽自己妻子，女人三十如狼似虎，他那点家伙，都成了任务，必须的，不然就是不爱了，厌倦了，嫌弃了。还有那些教女人揣度男人心思，并美其名曰情商的，能干点正常人干的事吗？你一天二十四小时，一半时间用情商混工作三姑六婆流言蜚语家长里短钩心斗角，一半时间用来想怎么搞定男人怎么让男人听你的怎么让男人爱你，我怎么觉得这和某个行业的职业要求也没什么区别。我一直认为，我和她们还有她们的文不同的是，我谁也不想讨好，男人或女人，我的要求是平等，共同进步，甭管男女，先把对方当人看。

最早被灌输习惯，是在学习上。老师都是生硬粗糙的，只会叫嚷着“必须养成学习的好习惯”，但他们很坏，从来不告诉你怎么养成，或者学习的好习惯是什么。我渐渐摸索了，做题，错的反复研究，练习，找方法，找规律，比如你可以把历史按照时间段制作成一个连环笔记，一目了然。当然，很多事情，有些人特别喜欢跑偏，比如找规律，英语阅读理解，答案三短一长选最短。这都适合没脑的人用的规律，有脑的就会觉得不放心。

那些善于分享的博主们，告诉你的每个技巧的背后，都是习惯。养成保养的习惯，养成打扮的习惯，养成努力的习惯，养成乐观的习惯。但你养成什么关于爱的习惯了吗?

不幸的是，我们的教育中，对于爱，我是没看到过任何诠释。古代人讲究内敛，不轻易表达，自古最推崇的是眉目传情，表达酸腐，就喜欢玩“你猜你猜你猜猜猜”。国门打开，外来文化流入，我们突然发现，原来教育是这么回事，要表达爱，要抱孩子，要求孩子，要夸孩子，并且将这些变为习惯。

我们，我们的父母，我们的父母的父母，全然没经过这样的习惯培养。我妈继承了我姥爷的沉默，他们都是教师，对家中孩子宠爱但不言语，因为他们在学校每时每刻都在管教孩子，我妈对我，连读书都没要求，几近放任。我爸继承了我爷爷的严厉，清华北大同济复旦，像四座大山一样压在我身上，最终我与复旦失之交臂，至今，我写文章，他还说，你需要更多的沉淀。我大学后，假期才会回家，我妈想念我，偶尔调皮亲一下我的脸，我都觉得浑身不自在，冷着一张脸，心中滋味不明。我们缺少亲密教育，我们不习惯，我们没有亲密的习惯，所以公开场合任何亲密的行为，都让旁人觉得不自然甚至恶心。

《爸爸去哪儿》这个节目中，第一次林志颖和Kimi的出现，给其他四个家庭带来了颠覆性的认知的改变。《爸爸回来了》节目中，李小鹏与妻子，频频互动，我看到的更多的是她妻子在带动他，他只是被动受益者，那其中的味道还是欠缺。影星刘烨，气质多么忧郁的男人，在节目中和妻子黏腻，那些小动作，亲吻脖子、额头、耳畔，摸屁股，这是外国妻子带给他的福利。即便他们与外国妻子生活多年，李小鹏和刘烨的亲热镜头还是让你觉得略显别扭，终不如两个白种人的种种亲热。

这是一个民族的习惯。我们没有关于爱的普及，方式没有，行为没有，连概念和肯研究它们的都没有。心理学是什么？人类学是什么？不是厚黑学啊，为什么要了解别人的心思，为什么要学对付别人的心机？你是不是也和恋人玩冷战，用人性惩罚对方？你是不是习惯说分手，拿离开当要挟？你是不是以为你发火发疯自残自虐，对方就觉得错了怕了？你是不是以为自己条件卓越，就可以无视对方的付出，拿别人当备胎？你是不是觉得吵架抱怨哭诉委屈就算沟通了？你是不是认为学遍那些招数，对方就逃不出你的手掌心？

为什么啊？你为什么不去学真诚，坦诚，好好沟通和表达，不带情绪，不带怨气，不争对错？你为什么不学习直截了当地说明，我爱你，但是有些地方我不能忍受，但我还是决定爱你，我们可以共同克服吗，我可能需要时间？你为什么不忍住说分手，不拿分手当爽快的道具，你明明知道每一次使用后，它的效力都会减少，你明明知道你怕，对方也怕，你为什么要用两败俱伤的方式？你为什么不能在找个所谓蓝颜知己和红颜知己前，把对方也看作可以对话的人，而不是男人女人，而不是女人就那样男人没得聊，而不是男女朋友间就得有秘密，这都是谁教给你的，你从哪里学的，你怎么敢一下子就信，而且打算信一辈子？你为什么不能尝试着改变，而不是说这世界就是这样，社会就这样，人人都这样，然后只在网络上感慨，在现实中做个行动的矮子？你为什么不靠自己去了解自己，了解爱情，了解婚姻，而是靠别人，从一段感情到下一段感情，不是别人辜负了你，就是你伤害了别人，然后你说谁没遇见几个人渣，你自己不也是个渣吗，你不是也急着投入下一段感情只是因为空虚寂寞冷吗？

你每天洗脚吗？不洗脚睡觉会不会难受？会的，对吧。我相信，你可以说你不会，那请不要看我的文章了。那种脚一天不洗，带着干巴的灰渣和汗渍的人，应该不会关心这些。那你养成了那么多关于爱的坏习惯。你要怎样在爱里长长久久？

我们对于爱的定义，太刻薄了。男人就得顶天立地，女人就得温柔似水；丈夫就得养家糊口，妻子就得相夫教子；男朋友就得拎包，女朋友就得撒娇。最搞笑的是，我认为这是一种智力上的缺陷，竟然全部被理解成理所当然的，不可更改的，不可变通的，比钢铁还硬的规矩道理。也就是，没有回旋的余地，你一旦是男人了，不准哭，你一旦是女人了，就得温柔，你是丈夫，挣钱，你是妻子，收拾家务，你是男朋友，现在对男朋友的要求从请吃哈根达斯到偷摸去淘宝购物车付账，你是女朋友，好像很少会听到男人对女人官方的要求了，私底下男人们很多要求，但都被媒体和丈母娘拿房子车钱压住了不能公开发言。

这些狭隘的片面的生硬的关于爱的理解，和角色的定位，残忍和愚昧得可笑。我无法想象那样的一个家庭，母亲不断地和女儿说，你就得嫁个有房有车有钱的男人，连爱不爱都不提，貌似男人见了女儿一定会爱，不会爱没关系，未婚先孕更重要。当然这一切的背后，她都会和女儿说，妈是为你好，你看我和你爸，这日子过的。目的性如此强，堪比战斗任务。金钱最大的好处，是让你有机会去学习，去接触，去看，慢慢地你就改变了。也可能你永远不会改变，然后你就开始找爱，语重心长惆怅地说，钱再多，心空虚。我从未接受过这样的教育，所以我永远不会去看抓住男人心的29条法宝之类的文章。我不是为男人活的，也不是为爱情活的，更不是为婚姻活的，我不反对这三者，但我还不至于将一生的时间，都放在其中。而且我始终相信，自然状态下，任何事物都会更美好。

工作关系，我曾经采访过单身女青年，高校教师，你以为她们学识丰厚，知性优雅？她们参照淘宝热款搭配，外型在直男眼中无硬伤，乍一看大街上一众男人都配不上她们。看她们一张嘴，全是爱情个性签名，我想找个灵魂伴侣。她们就像我小说中的男人，被动，不付出，等待被人开采，到最后谁开采都可以，然后她们会说遇到了真爱，自此麻醉自己一生，将灵魂伴侣全扔了，变成了和母辈一样的居家过日子大妈。

我习惯直言沟通，你习惯隐忍沉默。我认为相处应该互动，你认为夫妻无需多说。我觉得“我”还算好的。还有一种“我”，我习惯叽歪，你习惯发火；我最擅长哭天抹泪，你最擅长哄我么么哒。后者是现在普遍的爱的习惯吧。“比吵架的情侣更可怕的是不吵架的情侣”，所以就养成了吵架就代表有感情，吵架就证明还爱，吵架就是沟通的习惯。没人去学习，没人去做，不吵架相处的习惯。不行，学不了，学不来，不适应，觉得太怪了，还是和爸妈一样吵吵闹闹相处适合国人。也许吧，谁知道呢？

我不喜欢吵架。吵架伤身，伤心。我最讨厌的就是和恋人吵架。我敢和外人吵架，但我从来都要求自己不和恋人吵架。情侣之间的架，无非都是情绪的失控和无处释放，而这些情绪，与情侣相关的极少数，只不过你们习惯于迁怒，习惯的爱的方式，就是拿亲近的人解恨。你们还为这种习惯编了理由：你是我最亲近的人，我有脾气不和你发和谁发。

确实，一个人若爱你，必然接受你的好与不好，这几乎是必须的。但不代表，你要时常借着各种理由表现你的不好吧？那你那些对外表现的好，就是虚假的，伪装的，是没有形成习惯的，或者只对外人形成了习惯的。爱的习惯，你压根就没打算有。

我一再说，这不是一个适合爱情的社会。所以我们无论是影视作品等，包括现实生活中，那种触动你的，感动你的，拨动你心弦的，让你怦然心动的人和爱情都极少。我们不断地看各种故事，国外的国内的，国内的越来越流俗于人物标签化，当然全世界女人都喜欢霸道总裁。我们从小没学过爱的方式，看见的都少，最美好的年华整日应付学业，青春萌动时还有各路敌人反对早恋，原本学业和感情理应同步进行的事物，生生地被切割成阶段性任务。一冲进大学，爱和性的刺激同时袭来，给社会增添了无数让成年人耻笑青年人的闹剧新闻，他们总以为我们会突然一下子长好，浇水施肥夹板，但就是不关心这苗子是啥需要什么更好的照料最终长成啥。

你应该小时候就懂得，表达爱，用亲吻，用拥抱；沟通，主动讲你的事情，引发别人聊天；偶尔情动之时，会情不自禁说我爱你，爱爸爸，爱妈妈；不用哭来表达反抗和不满，而是表达伤心和感动，只有那样哭才会美；你对爱和性了解而不沉迷，不会遇到了就迫不及待地沉沦；你可以理智看待爱情，分清重心，做好自己该做的事；你可以发火，并非让你压抑，但你不能把发火等方式当作习惯；你不认为主动是没面子的，被动是代表人缘好，你教那些懂得平等和尊重的朋友；你不会觉得被很多人追，因此而骄傲，你想要的是找到一个心心相印的爱人；你不会要求对方做你可能都做不到的事情，即便对方擅长的愿意做的，你也不可以肆意索取；你得做到感同身受，并且乐观，不要爱来爱去，两个人沉浸在我不舍得你辛苦你不舍得我受累的情绪中；你要勇敢，承担责任，分担苦痛，你不是找个港湾，你得去找个人建立港湾。当然，现在你可能发现，即便你这样做，这样想，遇到同样的人很难，那如果你愿意，你可能还必须耐心、宽容，你可以教会你爱人关于爱的习惯。

坏的习惯，将我们拖入坏的感情中。想法，方法，都将顺应习惯，因为习惯最顺手，最擅长，最得心应手，最方便宣泄。所以，劈腿的习惯用劈腿的方式分手，可能曾经是被别人劈腿受了伤害有了阴影，因此学会了这种习惯；摔门愤然离去的，每次都跟演戏似的以这个动作了结，可能和上几任都觉得这个方式最好使；你说我们聊聊各自的前任吧，对方用警惕的眼神看着你说着被总结出来的通用台词，你问这个干什么，没有前任；你不了解他有哪些爱的习惯，他用惯常的爱的习惯看待你，你们的燃点轻易就着了，无非就是他习惯这样想，而你习惯做的恰恰忤逆了他的理解。所以，那些总结出来的技巧啊招数啊，是不是被你们当作了爱的习惯和应有的方式？然后所有男人都参照女人的这些反应配备了回应的系统，所有的女人也都因为照着做才能让男人理解。我有时候想，我们蠢啊，还是懒啊，为什么要活成这种方式。可怜至极，挣扎困惑。

所以，讲什么soulmate啊，照着人物谱学台词就好了。人生如戏，爱情靠得是演技。这也能因为人多心急吧，实在没时间遇到那个人，赶紧自行走量出产，你越像那个看似比较好的“产品女”，就越可能找到那个被标榜优质的“产品男”，出厂说明：外观看，绝对以假乱真，是真爱的正品货。内心真爱不真爱，没时间造这个功能。

我没有说我说的一定对，你要照做。我只是希望更多的人，稍微跳出固有的认识，给自己一个机会，换一个方式认识自己。你若爱一个人，你们若相爱，就花点时间和精力，共同创造研制专属的爱的习惯。那些被感受到无比恩爱的，无疑都是因为他们的习惯滋养了爱情。

别让习惯打败爱情。

原来是爱商啊

A和我说，她有个最近才热络起来的同事，得知她有男友时，特别惊讶。A笑问，为什么那么吃惊？对方倒也爽快，直接说，觉得你挺难处的，男方得多忍你。而且她一直认为A的个性，毫不柔情和娇羞，典型“毛病多”那类女的，不好找对象。A瞪着眼睛问我，我怎么就难处了。我捡乐的同时，脑子里却蹦出了一个词——爱商。

爱商这个词蹦出来的时候，我之前真的以为这个词不存在。但我还是搜索了一下，如果google好用，搜索结果将会更棒。仅有的中文搜索关于爱商的诠释少之又少，看来这个词在我想到之前就被人想到。

爱商，全称Love Quotient，简称LQ，爱的商数，即爱的智慧。最早由美国心理学家提出，看到这，有些后悔未能坚持读心理学的研究生，但也没什么遗憾，科班的语言生硬无趣枯燥乏味刻板迂腐，经常连普及都做不好，特容易把大伙儿往沟里带，读死书做阅读理解出来的，误人子弟的也不少。还看到一个解释，比较符合我对爱商的理解：指一个人了解爱的本质的程度和正确地接受和表达爱的能力。

其实，A的爱商挺高的，你看她孜孜不倦地和我讨论关于爱的主题，也细心地观察和感受她在爱中的体验，并且从中发现问题、认识问题并主动解决问题。她在了解爱的本质，并且程度不断提高，她不睁一只眼闭一只眼在感情中装瞎，她清醒着，并且努力着。而在这一过程中，关于正确地接受和表达爱的能力，也在慢慢修正和提升。A的同事对她的描述，其实只是源自她的交际能力，我一向避免用情商这个词，除非全国人民把对这个词的理解纠正过来。A同事，其实是想说A的情商并不高，所以认定她在爱情里与恋人的相处也跟同事相处一样，不得章法，不够圆滑，当然同事一定认为情商就是“交际能力”。关于情商，我写过相关文章，请移步搜看，或者干脆搜索，重新理解一下情商。

情商最重要的一个内容未被理解，就是情商中的自制，这要求人们了解自己的情绪变化，观察审视自己的内心世界，进而认识自己，调控自己的情绪。而现今社会广泛推崇的，是识别他人的情绪，并且满足他人的情绪，比如领导看你不爽了，用权威压制你，你不但不能正当防卫，你但凡光明正大地找去，对方都得说你“情商低”，其实你能控制好自己的情绪，但你没法忍受别人的恶意和伤害而已。并且领导还要你察觉他的情绪，他不爽了，缺激情了，你得精明地带他去特殊场合找姑娘去，他才对你满意，夸你“情商高”。这个社会大众认知里的情商，基本被曲解得面目全非，发明这个词的人若是知道它竟然被这样理解这样使用，估计情商会爆表，气炸的心都得有了。

而A的情商也不低，她对自己的情绪走向很清晰，并且能及时倾诉和调节。并且，A同事的理解并不正确，情商高固然对两性关系有好处，但亲密关系，爱商更起作用。甚至，智商才该是首位，你连认识问题和理解问题的能力都如此之低，何谈认识自己和理解他人？你可能连爱的本质都没法再深入一点点，你整日纠结在情爱中，也实属正常。

我以前一直认为有些人缺乏同理心，如今看，更缺乏爱。无同理心，就无爱；无爱，也就无同理心。举个例子，你家装台空调，你得想到邻居，噪音影响邻居，你家听不见，你就认为产品没问题，也不配合解决，这就是缺乏同理心，更缺乏爱心。因为如果角色对调，你可能还不如邻居礼貌，直接上门大骂。再比如更宽泛更伟大点的，商家研发产品要想到健康和环保问题，不是反正你不用，你挣钱用外国货，管消费者死活和环境好赖，你以为和你无关，其实因为你缺心眼。这个缺心眼也不是惯常的理解，这个缺心眼是真缺心眼是智力不足，你以为钱能解决所有问题，大自然会告诉你，早晚有一天地球没了，你的后代就得灭了，你若同理到这么远，就能长些良心。不过商人一般都没良心，特别是国内的，有哪个敢拍着良心说自己的产品童叟无欺？总之一句话：作茧终自缚。

爱商还有更高尚的解释：指生命中划过的爱的印记“深度指数”，指为爱无私付出的“忘我指数”，指存于每个人心中的“良心指数”。我其实，有时候，觉得我特爱这个世界，尖锐只不过是我的表达方式。请体会。

且不论爱上的最高境界。当然你有这般觉悟，绝对会对你的小爱有助力。你心中存爱，心情一定好，人一定朝气蓬勃，面由心生，一定散发美好，谁不爱美好，谁非得挑一个黑着脸且满脸横肉的恋人？

有人读完文章，就全文再检索一遍方法论。我真教不了什么，除非你把你恋人送到我面前，我亲自处给你看，但问题是，我不爱他他也不爱我，我们处得再温馨，与你何干？你自己的恋情，不自己去琢磨，也懒得推给网上一个陌生人。我很真诚，我不是神，我不习惯忽悠。

你相信爱吗？信任爱会发生吗？你有为爱付出的精神吗？并主动去执行？你爱得独立而纯粹吗？不把爱变成自身梦想的寄托？不过多衡量得失而用心去感受恋人？你能吸引那个你想要的恋人吗？你要求对方包容你的缺点，你能包容对方的缺点吗？你懂得建立适度的相处空间吗？你能科学沟通和正确理解吗？你能不受情绪左右？你能从伤害中痊愈并重建信心吗？你能处理好和双方父母的关系吗？你能调整自己的爱情观，从中反省、学习和提升吗？

你不相信，你觉得爱是什么鬼，谁提爱谁幼稚谁蠢谁傻。你不是喜宝，但也端着盗用她的台词，没有很多爱就要很多钱；你只等着别人付出，适当回报，甚至觉得性别就是回报，我睡了你、我让你睡了就是一种恩赐；你从不主动，你认为自己是全天下最值得被人爱的人，谁不爱你天诛地灭，谁对你好你才把自己放心交付，并且对方一旦付出不够就是不够爱你，你便心生后悔百般责难；你爱得黏腻和势利，你算计着谁爱谁更多，你把情绪全扔给对方，你把对方当垃圾桶和银行卡，就是不当爱人；你一无是处，但你期望被另一半拯救，自此过上想要的理想生活，甚至你要对方帮你实现很多物质和非物质的要求；你不感受对方，你要求对方感受你，你要求对方察言观色谨小慎微地对待你，像太监对待主子，如果做不到，你就指责对方不够懂你；你吸引不到你想要的恋人，因为你不值得，但你非去强求，这让你痛苦，又让你得到后很容易失去且百思不得其解，总认为对方是渣，却忘了自己也没成型；你只要被包容缺点，肆无忌惮地在两个人的关系里尽情地释放那些可怕的品质，你拿爱要挟，你要求对方理解接受并且点赞，而对方哪怕小小的缺憾在你那里都被判重罪；你把你们的关系搞得岌岌可危，没有空间，像一个封闭的盒子，在里面等待发臭、崩溃直到对方想冲破牢笼。你从来都认为沟通就是别人在你生气的时候主动哄你，在你不开心的时候主动逗你；理解就是对方在你发火的时候忍让并哄你，在你闹分手时逗你开心而且要知道你只是拿分手耍脾气。你找一个爱人的目的，就是给情绪一个寄居处，这样你再也不用自己去消化这些魔鬼一样变化多端的情绪，你要你的爱人做你情绪的CPU；你做尽上面种种，爱情没了，你简直分分钟想炸地球，上一个留给你的伤，你用来伤在下一个人身上，直到你报复结束平衡了。你和自己父母的关系都可能存在着问题，你根本不想处理和对方父母的关系，你随便在网上看一篇帖子，就可以把上面的话拿去指责对方父母。你不能调整爱情观，你甚至没有爱情观，何谈反省、学习和提升。

A的同事真是过度操心了，A的爱商绝对不低。在我们并未认识到这个词的时候，她就已经领先了那么多。我们正确理解一些词语之后，是不是该学习一些正确的做法？我们要在拧巴的方式中生活多久而不自知？那些歪曲的，甚至一直偏离的理解，对自身、对生活、对感情，伤害到底有多大？

人人都想要好的关系，但每个人想过好的关系似乎不该靠以往的那些方式吗？我们的关系中缺乏真诚，缺乏爱，缺乏基本的良心，这样真的快乐满足吗？

一直都听说，爱会激发人的无限潜能。而我们的爱呢，激发出了什么？我们的爱，在恋人的关系里耗尽后，就泛滥到下一代身上。并且这份爱，混着杂质，带着残缺，充满戒备，蕴含凶残，满载焦虑，一不小心就伤了对方。

原来真的有爱商。原来这世界上，真的有人，和我一样，想知道，更好的爱是什么。

需要人陪

前天，我和Y刚为她的住处置办齐全基本厨具，昨天，我们约好由我下厨，她下班就回来吃一顿久未吃过的家常菜，结果她回家进门的第一句就是：我手机被偷了。也许编剧们不是瞎编的，巧合在现实中也常发生，她刚说完，屋内立刻停电了，我还在厨房打算烧最后一道菜。

接下来就是一个晚上的忙碌，我们先是自己找到配电室，电闸推不上去，给物业打电话，物业说房东拖欠物业费，不提供相关服务，我们浪费了口舌也浪费了电话费，直到找到物业办公室，见到其他人，才说会负责帮我们修理。

不是电闸的问题，是电费已欠。维修工人又带着我们穿梭在地下，找到一家超市，对方说只有用电卡才可以用一种机器缴费，但Y根本不知道电卡在哪，我想到了支付宝，好在有客户编号，用着不灵利的网络，支付了电费。接着Y就开始用iPad登陆微信，各种诉说和解释她的经历，她大概重复给了不下十个人一模一样的内容。

她这个晚上和我说得最多的就是：幸好你在，不然我手机丢了，电也没了，我可能只有带着一肚子的怨气去住酒店了。其实也因为有她在，有两个人，我也没那么慌张，甚至因为是她还比较镇定，所以我也很镇定。

我想起我小舅，他做什么事情总喜欢找个人陪着，特别是处理和姥爷相关的事情，他习惯性地找我妈，也就是他姐姐商量陪着，甚至，他就是买个菜，也希望有人陪着。我又想起我爸，明明他一个人能搞定的事，他总喜欢使唤人，一会儿喊人递这个一会儿叫人送那个。我以前很嫌弃他们这种做法，我每次都一边送去一边说，为什么不提前自己准备好，为什么非要使唤我。

虽然我一直认为我没什么特别的，但和大多数人比起来，我对于人类的思考似乎超越了正常生活的范畴。比如我还讨厌，上厕所一定要人陪。高中时，我就彻底要求自己杜绝陪他人上厕所，并且要求自己习惯一个人上厕所，倒不是抵抗一个人上厕所的寂寥，而是抵御他人的眼光，好像你独自一个人上厕所是多么失败的一件事情。

大学时是最不寂寞的，整日都和朋友在一起，同寝的同班的同系的，二十四小时在一起。大学毕业以后我才开始自己去肯德基之类的快餐店点餐，原本记忆力就不好，之前一直都有人张罗去点餐，毫不熟悉有哪些套餐。有时候，过宽一点的马路都慌张，想起来原来四年里过再宽的马路都是一群人，从来都不需要自己去看车来车往。

恋爱的时候，我自诩独立少女，特别鄙夷那些要和男友腻在一起的女生，不需要对方陪自己，不需要对方陪吃饭，不需要对方接送，不需要对方拎包，反正有朋友在，不需要什么事情都和男朋友在一起。也有过一些女朋友，重男轻女，只要男友有时间肯约她，立马就奔向男友那，把你撇下，她们中有的会不好意思，和你客套一番，我知道怎么解释她们都不会相信，我其实一直在培训自己接受一个人的时候，所以无需用她们的感受去同理我。

我也有觉得孤单的时候，心里空空的，只能靠听电视里人的声音，来告诉自己，没那么寂寞，甚至有时候你想，无论和谁在一起，即便那个人什么也不说，只要他和你在同一个空间里，你心里都会有不一样的安定。可人何其贪心，特别是对亲密的人，当你有了恋人，你反倒更难满足。正因为亲密关系的存在，你对你们的关系滋生了更多的要求，我常常会觉得两个人比一个人还寂寞。我问自己为什么，大概因为亲则责，你一个人时能承担的一切，都更容易心安理得地接受，因为没有别人，只有你自己，与其伤怀不如解决问题，一旦多一个人，你就忍不住想，为什么他不能帮你分担，为什么你要为两个人的事情而烦心，为什么多了他反倒觉得更麻烦，为什么他不能陪着你，为什么你们如此亲密了你反而感觉更孤单？

人心，真的奇妙得难以捉摸。即便两个人一起时的事情很小，你却宁可一个人去承受更沉重的事情，一个人时可以甘之如饴的，因为多一个人就恨不得推给对方。

大概我在陪伴关系里的体验并不算好。比如那些强势主动的女生，总是会拖你去她们想去的地方，她们有很清晰的选择和目标，不容易妥协，你就沦为陪同，你必须去适应她们，并且这份陪伴不见得会被她们珍惜；那些弱势的被动的女生，反而认为你太强势，甚至当熟悉的时候，她们就开始拒绝，哪怕明明是她们犹豫懒惰不肯决定，而将决定权推给你，你做的决定也会被她们挑挑拣拣。这些情况，也发生在男女关系中。那些“我想的也正是你想的”关系太难能可贵，也许我们都不配。情投意合如果那么容易就得到，世间人与人之间的关系早就可以串成和谐音符唱出歌。

我曾想，那些渴望物质和金钱的人，大概是知道，如果拥有了它们，就可以“买”来陪伴吧。如果你多金光彩自然会吸引别人挑拣别人，你不喜欢的就不要，下一个永远排队上门。“钱能解决的问题就不算问题”，人生苦短，世事繁杂，用钱能处理的，何须劳烦人，甚至，钱可以换来身边人源源不断地环绕陪同，你用钱总能换来其他人的照顾、陪伴、跟随、仰仗。再多钱的人，即便通透这些道理，那些无声的夜里，那些一个人待够的时候，总想有个人陪。

我们常看到光彩照人的明星最终选择的配偶那么差强人意，我反倒能理解，因为不具备对人性的同理和对内心的洞察，一向活在金字塔尖的人永远更知道自己要什么，却不肯去让自己学着理解什么，他们拼了命地往上爬就是让自己有足够资格要求，反正总会有人愿意配合他们，愿意取悦他们，愿意舍弃自我陪着他们。一定有更好的关系，可是他们的精力在物质的攀升上已经耗尽了。

爱需要两个人，陪伴也该是两个人。如果都是单方面的，就有人要牺牲，就有人在换取。我不喜欢亏欠谁，就像我不知道该怎么拒绝要我陪的女友，我也不喜欢被亏欠，就像我不喜欢拒绝我的女友。所以，我早早告诉自己，别怕一个人，享受一个人，应该一个人，爱一个人的时候。

我知道Y一定希望有人陪，发生了这么多事情，有人在身边，会让她没时间自怜。我说，明天我陪着你，补卡，买手机，有事你让同事打我的电话。我知道，我必须牺牲自己的时间去陪她，我愿意这么做。但如果换成我，我大概喜欢独自一个人惆怅，体味内心的荒凉，咬牙坚持，自己和自己说没什么。倒不是因为我没人陪，而是我习惯了不依靠别人。

Y把所有人都责难了一遍，她说下属惹她生气了，下班路上打电话的时候正聊起那个同事；她怪那个与她通话的朋友，他们关系一直很好，她还开玩笑让他赔偿；她和男友凶，发了一通脾气，她说你说的没一句有用，你就该说有什么的去买一个手机我给你钱；她和她妈妈说，这事怎么能怪我呢，我自己也不想丢的啊，防不胜防啊，对方就是想偷手机我有什么办法；她和其他人说，好庆幸啊，人没事，只是丢了手机，她说她不心疼手机，就是里面的好多资料担心被盗用。

你猜，换我会怎么做？我会责怪自己。责怪自己为什么要下班路上打电话，为什么没能在被偷之前警觉，为什么不把该删的删掉，为什么给了对方机会……我什么也不会说，只会默默地承受这种痛苦，反复体会，反复回忆，折磨自己，直到我内心源发出坚定的声音开始自我安慰。即便有男人和我说，新的不来旧的不去，走买一个新的，也不足以安慰我。我大概还会怪他，你不懂旧的对我的意义，你也不懂我丢东西时内心的想法，你不要拿那些人人熟知的话来安慰我，这对我都不管用。可我，真的，已经不习惯用Y的方式处理生活。

所以，我那么理解人们，深刻地知道原来我们每个人，终极的渴望都是需要人陪，可我并不想鼓励。就好似我们每个人都知道很多这个世界的通用法则，但我们不一定都需要去追求和满足。总有更好的方式，去让内心安宁。我只能陪Y这一段，恰好我来找她，恰好我懂，恰好我愿意，也许对她来说眼前的所得已足够，但同类的感受她还将继续体验，无穷无止境地在其中缠绕而无法跳脱，是我所不能忍受的。

王力宏的歌里写着，一个我，需要梦想，需要方向，需要眼泪；更需要，一个人来，点亮天的黑；我已经，无能为力，无法抗拒，无路可退，这无声的夜，现在的我，需要人陪。

这种渴望是真实的，每个人心中都会渴望。可那些说你要用真实的你去面对他人，不是让你用自私的你去面对他人。就算这首歌是从你口中唱的，那你唱的时候也要知道，不管那个点亮天的黑的是谁，他心中也有同样的渴望，那你做得到吗？其实，我们不需要过度付出，不需要强迫自己做到多好，不见得非要牺牲，我们只是在真实地了解到自己内心的时候，能care他人的内心就足够了。很多事情并不矛盾，不是你渴望的就是别人不肯给的，或者是你不该给的，不是你想要的就该单方面得到，就得有个人单方面地牺牲。你为什么不能聪明点，宽容点，大方点，都不需要你退一步，只不过侧个身，就可以看到不一样的角度。那些肯陪伴你的，肯为你牺牲时间的，并不应该让你认为自己值得他们这样做，而该焕发出你的爱，谁规定在家中煮饭拖地的就没有在外面拼搏奋斗的不配得到爱？

你不能狭隘地看待他人和自己。我们都需要人陪，每个人都需要人陪。那首歌，那些话，不都是只有你配说你能说，别人也配说也能说。我不相信，必须有谁牺牲，那一定是你不足够懂得爱。

我知道你对寂寞无能为力，所以你拼命让自己看起来那么受欢迎，拼命维系着各色关系。你真的不需要抵抗寂寞，你该学会什么是爱，你以为的和知道的都不是爱，是索爱，爱是索要不来的，爱也不该是交换而来的，爱是自然发生的。

你什么时候才会懂？我们，都，需要人陪。而不就你一个人需要。

在爱情里做个好人

B是我姐的同学，同窗又同宿，B的男友也是我姐的同学，我去我姐学校的时候，还和他们见过面。我姐突然电话我，问我能查通信记录吗，我有个朋友在移动公司，我说有密码就可以查。我姐问了B，B说有。然后登陆一看，每天早上差不多上班前和晚上睡觉前，总是和同一个号码联系，并且通话时间不短。B是那种爽朗的姑娘，男友是她初恋，她说，男友说这是他领导。我只能和我姐说，绝对不可能是领导，而且为什么她还要信他说的呢。

B的男友是在B考上公务员后提出分手的，B成绩一出来，他就提分手了。我姐感慨他还算有良心，我没觉得他是替她着想才如此做的。过程开始变得曲折，B难以承受，她在KTV里哭得不成样子，打电话叫他来，他陪着哭，但就是无法回头。他死也不说那个第三者，B也就相信没有那个第三者。B的男友说跟B在一起压力大，B才惊觉自己是不是一直有些任性要求过高。但也没用了，分手已成定局。分手没过多久，B的男友就结婚了，和一个脸圆圆看着喜庆的姑娘结婚了。她就是那个电话号码的主人。

某明星去世，B的男友发了条信息到朋友圈表示唏嘘。我也有感而发：你有心悲怜陌生明星的死，却狠心痛伤多年恋人的神。前任多无情，禁不住冷笑。

无疑B的男友是个好人，比B口碑要好。我姐的妈妈，还夸过他，说他长得白白净净，看着比B顺眼，个子不高，但感觉知书达理，看着沉稳。B呢，我见她时就一头短发，为人直率，皮肤不白，面相看着有点凶，不亲和，也表现不出温柔。可在爱情里，她死守到现在，不肯从伤痛中走出来，他不动声色地劈腿，转身结婚生子。B还要忍受别人的非议，一定是她不够好，一定是她该改，一定是她留不住他的心。

怪不得长相彪悍的女人身边总有个眼神阴狠的小白脸，

不管什么时候第一个不像男人地冲上来，挡在女人前面；而那些看起来风度品性纯良的，永远都在外人面前端着面子，他可能为了哥们打架，但绝不会为了你揭竿而起，他还会叫你遇事高风亮节。即便是对方大错特错，他也不肯为你出头，你若自己勇猛回击，那他便有了理由看低你。这真是一个畸形的社会，只能祈祷人生不要遭遇倒霉的人和事，以避开那些必须要求两个人共同面对的艰难。因为一旦艰难出现了，你扛住了，对方却想逃走了。

当然，上面的例子不足以得出一个放诸四海而皆准的结论。我不是要你找个疯咬别人的哈巴狗，我也不是叫你再也不碰那些看起来文质彬彬的男人。我只是想，为什么，为什么不能在爱情里也做个好人。爱是恒久远，恒久远这三个字哪个可以做到，哪个告诉自己去做到了？因为难，太难了，那简单的叫爱吗？一夜情简单，你是不是就只适合一生都一夜情？其实就只有B的男友有压力吗，B没有压力？就只有B的男友承受不了吗，B承受得了？就只有B的男友没有问题吗，都是B的问题？绝不是。只不过，B的男友，也许从一开始，也许在过程中，也许在时间里，每一次面对问题，都将结论引到分手，而B，每一次遇到问题，就将结论引到还爱着。

爱情也许需要自律。就像你在外面总是伪装得赏心悦目，通情达理，和善美好。爱情里，需要的自律则是，你开始了，就要知晓自己要对一个人，对感情负责，责任不是从婚姻才开始，责任在爱情里同样很重要。一定有这样的人，崇尚在爱情里来去自由的人，麻烦你在开始前说清楚，让对方有个心理准备，不要拿着一堆漂亮话做着不用坐牢的欺诈。你该充分了解自己，然后再找同类的人。世事无常，人心难测。但爱情不是你一个人的痛快，还有另一个在爱情里呢。你有什么资格，放弃了，还给自己贴着追求真爱的金子？

在爱情里做个好人。去学习，去思考，去用头脑，而不是跟着情绪和惯性走，有的人看着不好吃，心是甜的，有的人看着可口，心是黑的。你不是故意劈腿的，不是故意变心的，不是故意不爱的，但其实你一定察觉到了这些细微的境况，但你却不想再用心去调节了。从你放弃向对方迈步的那一刻起，你就是个坏人了，你看着对方傻傻地朝你奔跑，你不仅不会迎出去，你还拼命地退步。对方罪不至“不爱”，你也并非无罪，但你该感谢，你在爱情里遇到了一个好人。虽然你已经嫌弃到想快快甩了他，但他还视你为珍宝。

他不是渣男，他对下一任焕发了新爱，他可能开始把从和你爱情中的经验都用在下一段感情中，下一个爱人身上。他只是对你渣。他不是暖男。他还是在外人那受到褒奖，但很不幸没人知道他对你有多狠心，他是中央空调，暖风却始终吹不向你。甚至，是他把你用冷水浇到透心凉。我们到底要找一个怎样的爱人，爱人们为什么要在爱情里也伪装得那么莫名其妙。

你们不该是什么话都可以说出来，吵过了痛快了，有问题解决了，一切都是为了继续爱吗？怎么稍微意见不同，就上升成火星与金星的大战，外面人无论多么飞扬跋扈他也能憨憨地笑，为何你只是说上那么几句想为他好的话，就被他一笔一笔记在“滚出”的黑匣子里？你要告诉自己多少遍，这个人是不值得爱的，在你明明还爱着他却已经不爱的时候。你要想开，才能接受一个残酷的事实，他不爱你了。

难怪那些关于爱的技巧风靡全球，诸如他换发型了说明变心了，他不耐烦了说明变心了，他眼神躲闪了说明变心了。因为他就是爱情里的坏人，用烂大街的坏人方式通知你，你察觉不到他暗自嘲笑你蠢，你发现了太好了他可以顺水推舟提分手。你没法要求坏人不坏，你只能要求自己机灵点，那些技巧恰巧是在告诉你，坏人一般都是什么表现。可惜，没技巧告诉你，坏人都长什么样子。爱情里的坏人，都长什么样子呢?

我常常忧虑过度，我被说过于理想化。内心总是不甘心地反驳，为什么是过于理想化，而不是本该如此。我们把标准定得那么低，是因为怕别人做不到，还是本来自己就做不到，是因为怕失望怕辛苦，所以索性就大家一起耍耍好了，要什么高级的爱情。就好像机器猫有一个道具，是可以将全国人的智力都拉低到和大雄一样的水平。也许正是因为太多人不对自己有要求，在爱里才草率、凶残、冷酷、恶劣，也许正因为，没有人懂人类，懂自己，才在爱里，敢如此大胆地伤害另一个人。

不要去原谅爱情里的坏人，去原谅自己，不要去理解他，终有一天，理解自己就会到来，去理解自己，不要对他再继续做个好人，即便外人因此称赞你姿态漂亮，你得让他带给你的坏释放出来，你得痛快。你该庆幸，他以虚伪的乔装换得了另一份爱情，他的坏人基因还在。而你，一直那么真，请继续真下去，做个爱情里的好人，起码你不会骗自己装作爱着。

忠诚很可笑吗?

D和男友双双出轨，D是那种内秀的姑娘，内心活动丰富，情感细腻，胆大心细，敢于尝试任何让自己爽的事物，你可以认为她经不住诱惑，她压根也没想要抵制诱惑。男友擅长交际，喜欢和别人神聊。你可以这样认为，他们两个还算有吸引力，各自在婚恋市场上都有一定价值。结果双方都发现对方出轨了，谈来谈去全是怨气，最终分手。

这事没有到此结束。半年以后，两个人复合。具体细节D不愿意再讲，总之她比之前更谨慎，自己的生活按部就班，在这场爱情角力中，她算是赢方。不清楚男方如今如何对待和她的感情，是一边爱她还是一边和别人神聊，还是单单爱她，改掉神聊的毛病。D的出轨比较复杂，总之两个人都不是非对方不可，但多年的情分还在，和好也在情理之中。

我不知道人们在爱一个人，和开始一段感情初始，是怎么看待忠诚的。或者，在未遇到那个人，未开始感情时，想没想过忠诚这个问题。好像做生意的人喜欢讲诚信，老板也喜欢忠心的下属，但爱情里，我没感受到有谁特别欣赏忠诚。大概因为每个人都随波逐流，早就教唆自己适应当今社会的风气，忠诚遇到真爱靠边站。如此想来，有些爱也挺脏的，诸如劈腿的爱、出轨的爱、第三者的爱。

大多数人，不过像D和D的男友，活得也是潇洒痛快，即便都已经在确定的一段感情中，也有心情和胆子跳出来，再去品尝别的人给予的感情。我猜，他们心里大概从来都没有忠诚这个词。忠诚都用来形容狗了，形容人显得很可笑。可是，忠诚真的可笑吗？

忠诚真的很可笑，一定有人会说，感情不在了还要忠诚干什么？所以无视恋人关系和婚姻关系，貌似奔着爱情而去，选择了不去忠诚。按照这样的理解，貌似很有道理。甚至，多少第三者都胆敢以真爱自居。忠诚算什么，忠诚早就被扔了，还冠冕堂皇地跟着爱情走了。

逻辑思维真的决定一个人的人品。连岳曾经收到过一封读者来信，女方背叛老公，和同样背叛妻子的男方在一起，却又因为男方有除她以外的情人而痛苦，询问连岳，为什么对方对她不忠诚。连岳的回复很有趣：“这正是爱情的美妙与残忍。你和他，一男和一女，正是破除了‘忠诚’的信条才搞到一块，享受了坏男人与坏女人的乐趣。可是最后却因为忠诚问题吃尽苦头。真是很有趣的结论。就算红杏出墙，情人对自己的忠诚依然是爱情的主要成分，是安全感与幸福感的主要来源。”

你看，这就是人类，这就是你无法形容的人类啊。忠诚是爱情的主要成分，却不被用在婚姻中，也不被用在上一段正当的感情中，而被用在并不道德的感情中。人的大脑，将世间万事变得多么讽刺。在爱情开始前，有多少恋人，想过这一条爱情法则——对另一半忠诚？没想过，这种东西，哪里比得过自己痛快重要，这种东西，哪里比得过激情重要，这种东西，谁还认识？

知道吗，我竟然不打算反对D，因为作为一个姑娘，她能做到这一点，正说明她在某种程度上更爱自己，胜过爱那个男人，胜过爱这份爱情，这对她来说是种保护，甚至是种资本。有多少在爱情里坚持不离不弃的人，被对方唾弃，被对方看不起，被对方认为是离不开的没人爱的废物。“你若不离不弃，我便生死相许”，这句话像个空洞的口号，比任何口号都空洞，还未经历生死，只不过日常的一丢丢芝麻小事，就足够让某些人离弃了。

与其做个被离弃的人，不如做个离弃他人的人。与其做个忠诚的人，不如做个不忠的。“给自己找个随便的理由，向情爱的挑逗，命运的左右，不自量力地还手，直至死方休”，李宗盛写过的，都是世间人正在做的。我也不知道该怎么办，我不知道该不该说，在感情里要忠诚，但我希望，我希望每个人在每段感情开始之前，都想一想忠诚这个词，再想一想自己能做到几分，别半路离开，别突然逃跑，别狠心甩掉，别移情别恋。

什么都不该是离弃的原因。那些过程中遇到的痛苦与难耐，都是成长，不该成为让对方负责的罪状，那些以为换个人就雨过天晴的，都不过是不够智慧的倔强狂。下一段感情再好，也不过是因为上一段感情的训练和滋养。如果人人都能晓得，我们爱一个人，就要告诉自己爱完这辈子，那么也许就少了很多痴男怨女，也少了许多不忠和背叛。

我渴望不分手的恋情，大概因为我会选个我爱的人开始一份爱情。但这个风险很大，如果对方不似我爱他般爱我，那么我就要经历分手，甚至失去忠诚的爱情。如此看来，爱真的只是一个人的事情，你企图两个人同步的爱，那么这两个人就要均等地具备上述那些理念。我羡慕那些顺应感官的人，他们往往会选择痛快，而非精神上的深刻，最无奈的不过是，一个精神上深刻的人，爱上了一个顺应感官的人。前者坚守忠诚等品质，在爱里翻滚历练，后者根本不在乎这些东西，他们会教导自己怎么爽怎么来。

但有错吗？谁都没有错。这才是最现实最残酷的。我们能指责谁，我们只能指责自己，我们只能怪自己，没能守住，却不能苛责想离弃的那一方。《匆匆那年》里的方茴，我一度不理解她，何苦败坏自己的贞洁，现在却理解了几分，当她还在爱着的时候，爱人已转身，那份深重的痛苦，一定需要特殊的宣泄。那么任性，是为了让自己，去用另一种痛盖住前一种痛。至于哪种更痛，痛痛就麻木了。

我期待我的爱情是忠诚的。我要自己乐观，因为我是如此悲观的一个人。为什么人类不发明恋爱法则，比如恋情开始时，就宣誓一番，第一要忠诚，第二要不提分手，第三要学会爱，第四要对爱人有耐心……法律就是用来约束人类的行为，不敢想象，即便有法律的约束，婚恋市场仍旧乱哄哄的，爱情什么的真是太磨人了。

忠诚怎么就一文不值了呢？忠诚怎么可笑了呢？好像确实没有人会去爱这样的品质，不知道是把忠诚当作必备的基础品质了呢，还是根本就不觉得忠诚有什么用。

愿我们的爱里，忠诚在挥手。

最坏的恋人

和A相比，G沉默寡言，初见气质温柔，再见也深觉知书达理。她是货真价实的气质美女，不发火，懂付出，易感动，暖人心。她老公读书时是出色的人，出色主要表现在外貌和学业上，其他方面平日偶尔见到还觉得不错，场面上的事挺到位，聚会还知道说句别让女士喝酒之类的。G从不抱怨，甚至也不倾诉，人人都以为A日子过得鸡飞狗跳，因为她喜欢表达，也都以为G神仙眷侣，因为她从不说她的感情。我们只能凭记忆中的某些片段去度量，而她无疑时时都表现出爱情顺遂的神态。

她突然单独和我说起她的不满，也令我有几分惊讶。这若是A，稀松平常，但这是G。原以为她的爱情，是最无可挑剔的。门当户对，婚礼盛大，年年旅游，就差个孩子，也正在准备中。她开口第一句话，竟然是：我觉得很累。

后面的故事，在我意料之外却在理解之中。当初是G老公追的她，不是很主动，只不过发出种种爱慕的信号，确实他本身条件不错，她也心仪，并没有端架子或者故意矜持，几乎第一时间就给出回应，之后的事情就顺理成章。他代表学校去参加辩论比赛，回来会带礼物给她；他过生日，她也会准备礼物送他。平时吃饭，男方掏钱，她也争着付账。她不缺这点，并非要找个长期饭票。她虽然不是前卫思想，但家教没有被母亲灌输贪图男人钱财之类的思想。

当感情稳定后，一些东西在慢慢地溢出来。G老公的母亲什么也不用儿子做，这在男孩的成长过程中很正常，婚后，他几乎饭来张口衣来伸手，完全延续在自己家中的生活方式。甚至，因为恋爱时需要外出约会，婚后则不需要，所以那些曾经在外的表现，在家中完全没有发挥。以前去饭店吃饭，有的饭店没有露露，他会跑到饭店外的地方去买；而婚后，家中所有吃喝的东西都是G购置的，她给自己买吃的，还要买他喜欢吃的。你觉得这是应该的？好的，接着来。

饭是G做的，G并不会做饭，G老公也不会做，但婚后，G学着做饭，并且坚持了下来。为此G老公什么表现没有，心安理得，甚至如果周末在家过点了，G做晚了，G老公还一派委屈的表情等在那里，那意思是“你饿着我了”。G聊起来，甚至笑了，她说：他为什么不可以自己做饭，为什么不是他做给我吃？饭后吃水果，G准备好两份，如果G这一天不准备水果，G老公连洗都不会洗。没有G，他连吃水果都不会想到吃。

G为此深感无语。她做不到像A那样直言相对，她甚至安慰自己也许这就是婚姻，男人就是如此，女人就该如此。即便这个男人想让自己冷笑。

而且G老公是可以照顾好自己的，没结婚以前，他培训住在公司宿舍中，将自己打理得很好，特别是他健身，每天需要吃海鲜，自己也会买好，煮好，水果也知道为自己买。可只要和她在一起，他就变成“儿子”，她就变成“他妈妈”，他就是个听妈妈话的人，妈妈想买什么，要他吃什么，他就吃什么，反正妈妈会把对他身体好的东西给他吃，他连自己需要吃什么补充什么营养都不用操心。

憋屈的G，因为不习惯发火，常常独自抽泣。委屈至极，也无处倾诉。她想，不倾诉，在别人看来就意味着她的婚姻幸福。她还安慰自己，除此之外，他没什么别的毛病，努力上进，尽管不怎么主动疼爱她，但他是爱她的。

我却觉得他是最坏的恋人。

好比两个人跑步，你原本可以跑得很快，他不停地喊你等他，你为了等他变得很慢。原本，你跑得快，你领跑，他应该跟上你，可是他不，他压根连跟跑的意识和斗志都没有。他就想着“我该被照顾”，仅此而已。

两个人的家庭，需要双方共同付出。跟其他两个人的合作一样，发挥特长，贡献长项。可G老公，明显把自己本身当特长和长项，所以需要G匹配所有的特长和长项。如果G也认为自己本身就是特长和长项，那么这两个人应该早就开始了分歧。因为婚姻如同一个项目，没有实干的人，光靠爱情，是存活不下去的。

油盐茶米酱醋茶，G老公都不知道买，不知道该买哪种；水电煤气供暖，他不知道什么时候交，去哪交；马桶堵了窗户坏了，他不会修正常不怪他，他不知道该怎么办，睁着一双无辜的大眼睛看向她。她也和颜悦色地说过他：你负责交水电费吧。他一口回绝：我不会交啊。她继续商量：很简单的，网上就可以。他继续回绝：也没人教我，多麻烦。说完就去努力上进钻研工作去了。

她只能心底发冷，忍不住生怨，她也没人教，婚姻追着她学会了，而且为什么要别人来教，不该自己主动去讨教和学习吗，不该他追着她问，为什么连这种事也要怪罪她，怪罪她没有主动要求？她也曾经是什么也不懂的别人家的“宝儿”，嫁给他，学会了各种各样的技能。她也想多花时间在自己的事情上，她不乞求他来照顾她，她只是希望有个人给她一种互动力，让她感觉，婚姻里，不是她一个人在拼命，有个人和自己齐心协力。

最坏的恋人，永远不知道自己坏在哪，并且自以为堪称完美，将他人的付出看低，认为那些事情都是无足轻重的小事，认为自己所做的事情才是构建家庭的重要因素，比如赚钱养家。G承认，G老公是赚得比她多，但她不是嫁给钱，不是一些姑娘为了钱攀附有钱人，祈求嫁人后什么都不做饭来张口衣来伸手，她也有工作有追求有兴趣有爱好，她也需要像男人一样有自己的空间。

最坏的恋人，不是别人和你攀比付出多少，而是你们根本就没有想过如何构建打造一个家庭，你们从来都不想为这个家庭花一丁点心思。你们的精力和时间无不自私地只用在自己身上，你们会堂而皇之地说那还不是为了这个家，而事实上，你们能做的不过是挣钱而已，并且并不十分擅长挣钱。

我很喜欢我一个朋友的家庭气氛，那时候我们是初中同学，她的家庭很普通，爸爸负责挣钱，妈妈全职主妇，她还有个哥哥。他爸爸会想着如何让家里更舒适，不是这个礼拜拿回一条地毯，铺在沙发前，叫大家光脚试试，就是在暖气上安一个长方形水箱还带龙头，冬天暖气热起来，里面就会有温水，并且不是那种缺德的盗用暖气水。当时我真心觉得他爸爸好伟大，比当厂长之类的爸爸伟大多了。

你为婚姻和家庭做了什么？你以为结婚以后，幸福就等在了那里？什么都不是理由，过往一切翻篇，为了这个家，你就必须像对待事业一样，重新开垦一片新的天地，培育出最好的种子，栽种出最棒的果实。对方做得比你好，你要赶拼，对方做得不如你好，你要让对方意识到这一点。

最坏的恋人，还容易把好的恋人也变成坏的。近墨者黑，G几乎因此不想与其老公有任何沟通，她老公的漠视和不自知，正是她这种内秀性格的人无法忍受的种种。我只能安慰她，多去用各种方式和他沟通，如果不放弃感情和婚姻，她可能需要领跑很长时间。

有时候孤独是相对的，如果就我一个人，我可以忍受各种孤独，但我们是两个人，为何两个人要比一个人时还孤独无助？

最坏的恋人不过如此。最坏的恋人可能不是那些行为恶劣的人，因为那样的恋人，明显地表明他们的坏，让你趁早离开；最坏的恋人，恰恰可能是那些什么也不做的恋人，什么也不做就好似什么都没做错，他们心安理得地享受着你所做的一切，让你连离开的理由和勇气都找不到。

最坏的恋人，隐藏得很深，可能要在深入接触后才会发现，我也不知道要怎样预防不碰到最坏的恋人。我想最好的办法就是，我们都不去做最坏的恋人。

最好的关系是37℃

初中第一次考试考了年级第一，并列年级第一，另一个第一是同班一个姑娘Z。我们因此同坐并成为朋友，更巧的是我们还顺路，可以一起上下学。每天早上我去她家等她，一起上学，放学在一起走过一片公园，在一个岔道口分开，各回各家。我一直认为我们无话不说，我一直认为我们的关系一定是最好的，不是一辈子最好的，也是这个时候最好的，我把她当作我的好朋友。

我们都是看似开朗的性格，喜欢嘻嘻哈哈地讲话，每次都笑声不断，凑在一起很热闹。我很久之后才知道，她对我，并不似我对她。第一批团员，我们聊过，要不要申请，她说没意思，不申请，我也确实不想申请，有个人做伴，更坚定了信念，其实我是班干部，她不是。我还想，何必第一批争抢，总之，我们两个人观点一拍即合。

第二批团员申请，班主任找我谈话，批评我之前不积极。我直说，我当时和Z商量好了，也不着急第一批，啥时候当上都行。班主任说，你怎么对自己事不上心，Z当时交申请了啊。原来我们的友情，一直不在一个温度上。

后来Z转学，我搬家，关系自然淡下来。年纪小，消化能力强，很容易就交到新朋友。

高中有个女生，挺欣赏我，主动跟我做朋友。我那时一心全扑在学习上，课间她过来找我聊会儿天，我都觉得浪费时间。我就知道，我们不在同一个温度。

我是一个相对主动的人，最开始驱使我主动的一般都是感觉和兴趣。但是单方面的主动是我反感的，特别在亲密关系中。即便在我最需要朋友的时候，我也习惯去克制自己不去主动，也是这些经历让我开始思考关系。什么样的关系是最好的呢?

你一定在友情中有我这样的经历，那些不算友谊但被你当作友谊的关系，很可能只是关系，并非携带着你想要的感情。但友谊不被要求排他性，你在这一段友情里不舒服，可以扔掉，找下一个人来做朋友。起初我也为这种关系的不断变迁而烦忧，诸如，高中一年级和同桌关系极好，高二分班后，即便在一个班级，各自接触了新的朋友，就不似从前那样亲密了，待到高三，可能还要有一番变化。

进入社会以后，这种变化更强烈。大学同学各奔东西，原本大学可以把所有人拉在一种平等的关系里，那就是我们是同窗。但社会又将这种关系打乱。混得好的，也许与平淡生活的再无联系；距离并不会为友情带来美感，只会徒添人的寂寞，加速人寻找新朋友的渴望；我们为了生存和生计，也就是需要，必须去结交新的朋友。

我的这一过渡并不好。因为我不大擅长社会人士之间的交往规则，学生时代的关系对赤诚的人来说，感情比较容易投入，无需计较。同事或同行，与利益挂钩太切实，你必须不断地让自己拥有价值，不管是被利用还是被欣赏，你有价值，才会有关系。你与他人的温度，往往取决于，你们对彼此的需要。需求大的，温度要高于需求低的，当然你可以用自己输出的“高温关系”换取物质回报，但情感收成的漫长和浅淡，会让你发觉这些关系经不起任何考验的，人不自觉就变得势利。

爱情里的温度，无论是高温、恒温、低温，保持一致都比一高一低要稳定。有的人习惯在感情中表现出温度，一目了然；有的人习惯隐藏温度，让人摸不透。无论是哪种，但凡双方温度不同等，就易生出与爱情无关的怨念、低落，不可得的痛苦和一头热的犯傻。

你一定经历过被追，对方不是你喜欢的类型，对方的狂热你接收不到，你也许是那种以此为荣的人，或者你是那种果断爽快的人，巴不得对方不要追你，省去你应付；你也一定追过谁，或者暗恋，对方不冷不淡，永远比你低温，对方略微热半度，你都以为和你一样烧；你一定在恋爱或婚姻关系中，有认为自己付出过多、热情耗尽的时候，那些对比过后的热量失衡，让你质疑对方对你的感情。

正常平均体温37℃，这来自1868年乌德利希对2500名成年人所测试的腋下温度平均值。低0.2℃也是可以的，美国马里兰州医学院麦克维克检测148人的口腔温度平均值为36.8℃。我愿意选择37℃，是因为测试的人数更多。

体温为37.3℃到38℃就算低热，别看只高出0.3℃，也算热，而非正常；体温为38.1℃到39℃，是中度热；体温在39.1℃到41℃，则是高热。你热了，别人配合不上，对比之下，你自然觉得冷，你烧得过高，超出自己负荷，最后受伤的自然是你，不会是对方。如果你冷，比正常温度还低，比36.8℃还低，你企图别人温暖你，可能你遇到那些37.3℃以上的，和你中和，如果遇到37℃，必然觉得你冷，时间久了，你恢复不了正常温度，自然留你一个人冷着。

最好的关系是37℃。不仅我们之间的关系保持这个温度，我们各自的温度也是37℃。我们先具备保持这个温度的能力，能够将自身温度调节得舒适宜人，遇到比你冷比你热的，都能平和对待，并非迎合他人的温度，而是遇冷遇热都不让自己受伤。最好，你深知并吸引得到和自己同样的人、同样的温度，让你们平等和谐地相处。

我们靠纯粹的吸引力，而非旁的经不起时间和人心考验的条件。我们的温度相当，自然散发出热度，足够温暖自己和对方。我们不需要谁比谁热，谁比谁冷，爱里面最吸引我们的是自然和平等。我们无需对任何关系的冷暖无常而忽冷忽热，我们内心安稳，我们时光静好。

再没有比拥有一个恒久温暖的内心更美好的事情了。你的温度灼伤不了别人，润物细无声，你不会冷到别人，你暖洋洋的气质，让他人舒服想亲近；你只需要做你自己，即便你主动，那主动也是由心而出，得体舒适，对方无论冷或热，都会被这份恒久的暖所吸引并影响；你对他人无怨无求，无论冷或热，你自安好，一个人也好，很多人也好，你的温度怡人而持久。

你也有高温的时候，比如你遇到那些人生中的惊喜，对世间美好事物的赞叹，你由衷地为之升温，那热度让你感受到不一样的体验，仅此而已；你也有低温的时候，比如遇到那些人生中的伤感，对世间无奈人事的感慨，你不自觉地降温，那低温同样只会是你的一种对生活的体验。你会回温，不被这些顽固影响，你坦然地面对生活，用一颗经久恒定的温暖之心。

我们不要用高温去强求什么，也不要用低温去痴痴等待什么。把自己的温度调节到37℃，不仅可以获得和他人最好的关系，最重要的是，你和你自己的关系也是最好的温度。

你独立，你坚持，你心意笃定，你选择沉静，你就不要牺牲自己的温度去换取他人的温度。温度可以相互靠近而熨帖彼此，不该是用来交换感情。那些你狂热追求到的，也许失落也更大；那些你被动冰冷等来的，也许从来未合你意。

最好的关系是37℃。我们各自37℃，我们一起也是37℃，我们一切消化那些热或冷的温度，我们终将回归到37℃。因为我们就是37℃的人，我们不仅拥有着健康的灵魂，还有着健康的情绪，我们不仅拥有着坚实的内心，也因为适宜的温度，培养出一颗温柔的心。37℃，足够我们获得并抵挡一切。

最好的关系是37℃。愿你拥有。